$V_{10\cdot 53}$ $\int$
B

7114.

# NOUVELLE
# METHODE
## POUR LE JAUGEAGE
# DES SEGMENTS
## DES TONNEAUX,

O U

Solution d'un Probléme proposé par KEPLER, à tous
les Géométres, sur les proportions des Segments d'un
Tonneau coupé parallélement à son axe.

*Par le Pere* PEZENAS, *de la Compagnie de* JESUS, *Professeur Royal d'Hydrographie.*

A MARSEILLE

De l'Imprimerie de Dominique Sibié, Imprimeur du Roy ; de
la Ville, & Marchand-Libraire, sur le Port.

AVEC PERMISSION. MDCCXLII.

# À MONSEIGNEUR

## LE COMTE

# DE MAUREPAS

### MINISTRE ET SECRETAIRE D'ETAT,

## COMMANDEUR DES ORDRES

# DU ROY.

MONSEIGNEUR,

LE petit Ouvrage que je prens la liberté de vous présenter, est la Solution d'un Problême qui a rebuté tous les Géometres depuis cent vingt - sept ans. C'est par là sans

doute qu'il a eû le bonheur de mériter votre attention.
Vous m'avez engagé, MONSEIGNEUR, à simplifier la
méthode que j'avois proposée, & à la mettre à la portée
des Jaugeurs. Mon dessein fut en travaillant à cet
Ouvrage, de seconder votre zéle pour le progrez des
Sciences, & en vous le dédiant, de vous marquer la recon-
noissance, & le très-profond respect avec lequel je suis,

MONSEIGNEUR,

Votre très-humble
& très-obéïssant
Serviteur,
PEZENAS, Jesuite.

# PRÉFACE

KEPLER dans un Livre intitulé, *Stereometria doliorum*, & imprimé en 1615. propose ce Problème à la fin de la première partie, fol. H. 2. en cette manière.

" Problèma Geometris propositum : Proportionem indagare segmen-
" torum citrii, olivæ, pruni, aut fusi, factorum plano axi paralle-
" lo.

Ensuite il ajoute : *Usus ejus non potest esse obscurus ; scientia deest.* Et il conclut en s'adressant à Snellius, l'un des plus grands Géometres de son siécle, & l'invitant à chercher la Solution de ce Problème " Age nunc, Snelli, Geometrarum nostri sæculi decus,
" legitimam hujus Problematis solutionem nobis expedi : reserva-
" tur, ni fallor, hæc inventio tibi, ut existat mœcenatum aliquis,
" qui tuæ fortunæ splendorem reputans, & verecundiâ instigatus,
" dignum aliquid hâc solertiâ, quo scilicet notabilis aliqua tuæ rei
" fiat accessio, remuneretur, proque citrio numerico malum au-
" reum rependat.

Le Journal de Leipsick en 1709 dans l'extrait du traité de Dougharty, sur la Jauge universelle, dit que ce Problème a rebuté tous les Géometres & qu'on n'a pas pû le resoudre. *Problematis de dimetiendo dolio non pleno solutionem, ob difficultatem, nemo huc usque aggressus est.*

Wolfius dans son excellent cours de mathématique, propose ce Problème à la fin des Elemens de Geometrie, & avoue qu'on ne l'a pas encore résolu. *Nondum autem inventa est methodus, dit-il, & rigori geometrico satisfaciens, & praxi respondens. Quam enim Keplerus dedit, ea nec demonstrativa est, nec praxi adaptata. Unde neque ipsi satisfacit, & quamvis aliam posteà eidem substituerit, satis tamen intricata est. Intricatiores adhuc sunt, quas Bayerus & Doughariy tradunt.*

La méthode que Wolfius propose, seroit assez exacte ; si tous les Tonneaux étoient semblables : mais elle ne l'est pas dans les Tonneaux de differente espéce, comme il l'avoue lui-même. Elle est d'ail-

# PREFACE

leurs très difficile & apuyée sur une expérience délicate , dont la plûpart des Jaugeurs ne sont guéres capables.

Les Jaugeurs de Marseille , ont une méthode assez difficile & qui est évidemment mauvaise. Ils se servent d'une table qui supose que tous les Tonneaux sont des cylindres , qui ont pour base le grand cercle du Bondon. Ce qui est bien éloigné de la verité. Aussi les Segments que l'on trouve par cette méthode , sont toûjours plus grands que les veritables Segments. Cela va si loin , que le grand Diamétre étant divisé en 100. parties égales , le premier Segment que leur table donne est au veritable Segment dans les Tonneaux ordinaires , comme 17. à 1. L'Inventeur de cette mauvaise méthode s'est bien gardé de la donner au Public. Il s'est contenté de la répandre parmi les Jaugeurs , qui sans aucun Principe l'ont employée jusqu'à présent. Il est vrai que quelques Jaugeurs plus intelligens que les autres , voyant que leur Table s'écartoit trop grossiérement de l'experience , ont pris le parti de faire des Tables particuliéres fondées sur diverses épreuves qu'ils ont faites ; & ces Tables dont ils font un grand mystére leur ont réussi dans tous les Segments semblables à ceux qu'ils ont éprouvés ; mais leur méthode manque dans les autres Segments.

La méthode que je vais donner est beaucoup plus facile que celles de Wolfius & des Jaugeurs de Marseille, comme on le verra dans le second Probléme. J'en donnerai la demonstration la plus exacte , dans un Traité qui doit paroitre incessamment. Il suffira d'en donner ici les principes généraux pour exciter la curiosité des Sçavans. On trouvera ces principes dans le troisiéme Probléme.

Après avoir trouvé cette méthode , j'ai eû la curiosité d'en faire l'experience sur plusieurs Tonneaux de différente espéce , & l'experience a toûjours été conforme au calcul. On trouve dans les exemples du dernier Probléme , le détail de quelques-unes de ces expériences ; & ceux même qui ne sont pas Géometres, pourront juger de la solidité de cette méthode , en comparant le calcul & les Tables que je donne , aux experiences qu'ils peuvent faire.

Malgré cette évidence , j'ai crû devoir consulter l'Académie Royale des Sciences , qui a décidé que par cette méthode on aproche autant qu'on le souhaite de la cubature du segment proposé , comme on peut le voir dans l'Extrait suivant.

Extrait

# EXTRAIT DES REGISTRES

## DE L'ACADEMIE ROYALE DES SCIENCES

*Du 30. Août 1741.*

" MEffieurs Camus, de Fouchy & Caffini de Thury, qui
" ont examiné par ordre de l'Academie, un Mémoire du P.
" Pezenas, Jefuite, Profeffeur d'Hydrographie à Marfeille, intitulé,
" *Solution d'un Probléme propofé par Kepler, fur les proportions d'un Ton-*
" *neau coupé parallélement à fon axe*, ayant trouvé que l'Auteur expo-
" foit avec beaucoup de clarté, l'importance & la difficulté de ce
" Probléme ; qu'il l'avoit réfolu avec beaucoup de fçavoir & de dif-
" cernement, dans l'emploi qu'il y a fait du calcul différentiel &
" intégral, & qu'il avoit fait voir la certitude de fa méthode par
" plufieurs expériences pour les perfonnes les moins exercées dans la
" Géometrie, & en ayant fait leur raport ; l'Academie a jugé avan-
" tageufement de cet ouvrage, ne doutant point que par la mé-
" thode du P. Pezenas, on n'aproche autant qu'on le fouhaitera de
" la cubature du Segment propofé ; mais elle croit en même tems
" cette méthode trop compofée pour être mife en pratique par
" ceux qui font chargés de jauger les Tonneaux.
" En foi dequoi j'ai figné le préfent Certificat. A Paris, ce 1.
Septembre 1741., *figné*, DORTOUS DE MAIRAN,
Secr. perp. de l'Academie Royale des Sciences.

Monfeigneur le Comte de Maurepas, ayant bien voulu me com-
muniquer cette décifion & m'exhorter à fimplifier cette méthode
pour la mettre à la portée des Jaugeurs ; j'ai imaginé l'inftrument dont je donne la defcription dans le premier Probléme, &
ayant rejetté fur cet inftrument toute la compofition de la méthode, je me flate que l'ufage de cette nouvelle jauge, n'aura
plus rien qui puiffe arrêter ceux qui font chargés de jauger les
Tonneaux. On en jugera aifément par le fimple expofé & par le
Jugement favorable qu'en a porté l'Academie Royale des Sciences,
dans l'Extrait cy-joint.

B

# EXTRAIT DES REGISTRES

## DE L'ACADEMIE ROYALE DES SCIENCES

### *Du 17. Mars, 1742.*

" NOus avons examiné par ordre de l'Academie, un Mémoi-
" re contenant la description & l'usage d'un instrument pro-
" pre à mésurer la quantité de liqueur qui manque dans un Ton-
" neau qui n'est pas plein, par le P. *Pezenas*, Jesuite, Professeur
" d'Hydrographie à Marseille.

" Cet instrument est composé d'une Platine circulaire d'environ
" un pied de Diametre. Sur cette platine sont décrits plusieurs
" cercles concentriques à distances égales. Leur nombre dépend
" des Parties aliquotes de la capacité du Tonneau, dans lesquel-
" les on veut avoir celles du Segment vuide. On y décrira par
" exemple, 100 cercles, si on veut avoir la valeur du segment
" vuide en centièmes parties de ce que le Tonneau contiendroit,
" s'il étoit plein. Le dernier de ces cercles est divisé en 50. par-
" ties, le 90e. en 45, le 80e. en 40, & ainsi des autres à pro-
" portion.

" Au delà de tous ces cercles sont décrits six autres cercles
" concentriques, dont les divisions expriment les centièmes & fractions
" de centièmes de la capacité du Tonneau, qui répondent aux di-
" visions des autres cercles. Chacun de ces cercles a sa division par-
" ticuliére. Le plus extérieur est pour un Tonneau dont la figu-
" re seroit cylindrique ; le second, pour un Tonneau dont les
" grands & petits Diamétres sont entr'eux, comme 100. à 90. ; le
" troisiéme, pour ceux dont la proportion est comme 100. à 80.
" & ainsi des autres. L'Auteur propose même de joindre les nom-
" bres correspondants de chaque échelle par une courbe ; ce qui
" donneroit les proportions intermédiaires, comme de 100. à
" 85. &c.

" L'usage de cet instrument est extrêmement facile. On jaugera

## PREFACE

" d'abord le Tonneau, comme s'il étoit plein, & l'on prendra la
" proportion de fes Diamétres, & la hauteur du Segment vuide.

" On cherchera enfuite le cercle dont le quantiéme à compter du
" centre exprime le nombre de parties que contient le grand diamétre
" du Tonneau, fur la régle qui a fervi à méfurer ce diamétre & la
" hauteur du fegment vuide.

" On cherchera fur ce cercle, le nombre des parties de la hauteur
" du fegment vuide, & on tendra un fil qui eft attaché au centre,
" de maniere qu'il paffe fur ce point. Le même fil ira indiquer fur
" celui des fix cercles dont nous avons parlé, qui convient à la pro-
" portion du Tonneau, le nombre des centiémes ou parties de cen-
" tiémes de fa capacité, que contiendroit le fegment vuide.

" Il eft évident que par cette opération, on fait cette régle de
" 3. comme le quantiéme du cercle que l'on a pris, eft au plus
" grand cercle 100. ainfi le nombre de fes divifions, qui convient
" au Segment vuide, eft au nombre de celles de ce cercle fur le-
" quel les échelles ont été divifées.

" Pour réduire en pintes cette quantité exprimée en centiémes
" de la capacité du Tonneau, on fera ; comme 100. eft au nom-
" bre de pintes qu'il contient : ainfi le nombre marqué fur l'é-
" chelle par le fil, eft à un quatriéme terme, qui fera le nom-
" bre de pintes que contiendroit le fegment vuide.

" Cet inftrument nous a paru fimple, & ingénieufement ima-
" giné & nous croyons que l'ufage en pourra être utile & avan-
" tageux.          *Signé*, DEFOUCHY & CASSINI de Thury.

# NOUVELLE METHODE

## POUR LE JAUGEAGE DES SEGMENTS

# DES TONNEAUX.

## PROBLEME PREMIER.

*Conftruire un Inftrument propre à méfurer la quantité de Liqueur qui manque dans un Tonneau.*

AYez un quart de cercle d'environ un pied de rayon ; & décrivez fur ce quart de cercle plufieurs autres cercles concentriques à diftances égales, par exemple, 100. cercles. Mais les 9. premiers font inutiles ; parceque le diamétre du cercle à la bonde a toûjours plus de 9. pouces, & que d'ailleurs les cercles 10. 20. 30. 40. &c. peuvent fupléer aux cercles 1. 2. 3. 4. &c.

Le plus grand de ces cercles fera divifé en 50. parties, le 90e. en 45. le 80e. en 40. & ainfi des autres à proportion ; il fuffit de les divifer de 2. en 2. ou de 4. en 4. furtout, s'ils font fort près les uns des autres. Après quoi l'on joindra par une courbe toutes les divifions correfpondantes, pour avoir toutes celles des autres cercles. La plûpart de ces courbes ne s'écartent pas beaucoup

de

# TABLE

## De la Hauteur des Segments de six especes de Tonneaux.

| Me-su-res. | Tonn. Cylindriq. Hauteurs. | Centiémes. | Ton de 100. à 90. Hauteurs. | Cent. | Ton de 100. à 80. Hauteurs. | Cent. | Ton de 100. à 70. Hauteurs. | Cent. | Ton de 100. à 60. Hauteurs. | Cent. | Ton de 100. à 50. Hauteurs. | Cent. |
|---|---|---|---|---|---|---|---|---|---|---|---|---|
| ¼ | 1. | 36 | 3. | 05 | 3. | 85 | 4. | 14 | 4. | 46 | 4. | 54 |
| ½ | 2. | 05 | 4. | 10 | 5. | 07 | 5. | 60 | 6. | 00 | 6. | 09 |
| ¾ | 3. | 70 | 4. | 78 | 6. | 00 | 6. | 63 | 7. | 02 | 7. | 69 |
| 1 | 3. | 33 | 5. | 38 | 6. | 81 | 7. | 44 | 7. | 87 | 8. | 10 |
| 2 | 5. | 34 | 7. | 32 | 9. | 16 | 10. | 00 | 10. | 31 | 10. | 85 |
| 3 | 6. | 88 | 8. | 91 | 10. | 60 | 11. | 80 | 12. | 31 | 12. | 00 |
| 4 | 8. | 36 | 10. | 31 | 12. | 01 | 13. | 14 | 14. | 13 | 14. | 90 |
| 5 | 9. | 73 | 11. | 68 | 13. | 31 | 14. | 67 | 15. | 56 | 16. | 16 |
| 6 | 10. | 00 | 13. | 93 | 14. | 51 | 15. | 88 | 16. | 84 | 17. | 48 |
| 7 | 11. | 25 | 14. | 06 | 15. | 66 | 17. | 00 | 18. | 01 | 18. | 60 |
| 8 | 13. | 43 | 15. | 18 | 16. | 73 | 18. | 07 | 19. | 11 | 19. | 72 |
| 9 | 14. | 55 | 16. | 15 | 17. | 79 | 19. | 08 | 20. | 16 | 20. | 81 |
| 10 | 15. | 65 | 17. | 19 | 18. | 83 | 20. | 06 | 21. | 10 | 21. | 90 |
| 11 | 16. | 71 | 18. | 31 | 19. | 77 | 21. | 00 | 22. | 03 | 22. | 86 |
| 12 | 17. | 75 | 19. | 39 | 20. | 70 | 21. | 91 | 23. | 00 | 23. | 71 |
| 13 | 18. | 78 | 20. | 28 | 21. | 62 | 22. | 81 | 23. | 84 | 24. | 55 |
| 14 | 19. | 77 | 21. | 16 | 22. | 54 | 23. | 70 | 24. | 67 | 25. | 40 |
| 15 | 20. | 74 | 22. | 17 | 23. | 44 | 24. | 55 | 25. | 50 | 26. | 24 |
| 16 | 21. | 70 | 23. | 03 | 24. | 30 | 25. | 39 | 26. | 31 | 27. | 04 |
| 17 | 22. | 65 | 23. | 98 | 25. | 17 | 26. | 21 | 27. | 11 | 27. | 81 |
| 18 | 23. | 59 | 24. | 88 | 26. | 01 | 27. | 04 | 27. | 91 | 28. | 60 |
| 19 | 24. | 51 | 25. | 75 | 26. | 85 | 27. | 81 | 28. | 69 | 29. | 11 |
| 20 | 25. | 43 | 26. | 60 | 27. | 67 | 28. | 64 | 29. | 46 | 30. | 11 |
| 21 | 26. | 33 | 27. | 45 | 28. | 49 | 29. | 41 | 30. | 23 | 30. | 86 |
| 22 | 27. | 20 | 28. | 19 | 29. | 10 | 30. | 19 | 31. | 00 | 31. | 60 |
| 23 | 28. | 07 | 29. | 11 | 30. | 10 | 30. | 96 | 31. | 75 | 32. | 30 |
| 24 | 28. | 93 | 29. | 96 | 30. | 90 | 31. | 72 | 32. | 45 | 33. | 00 |
| 25 | 29. | 79 | 30. | 80 | 31. | 69 | 32. | 47 | 33. | 15 | 33. | 70 |
| 26 | 30. | 65 | 31. | 61 | 32. | 46 | 33. | 21 | 33. | 85 | 34. | 40 |
| 27 | 31. | 51 | 32. | 41 | 33. | 21 | 33. | 94 | 34. | 56 | 35. | 10 |
| 28 | 32. | 36 | 33. | 21 | 33. | 98 | 34. | 68 | 35. | 17 | 35. | 80 |
| 29 | 33. | 20 | 34. | 01 | 34. | 74 | 35. | 41 | 35. | 97 | 36. | 48 |
| 30 | 34. | 05 | 34. | 81 | 35. | 50 | 36. | 00 | 36. | 67 | 37. | 15 |
| 31 | 34. | 85 | 35. | 59 | 36. | 25 | 36. | 84 | 37. | 37 | 37. | 80 |
| 32 | 35. | 67 | 36. | 37 | 37. | 00 | 37. | 56 | 38. | 06 | 38. | 45 |
| 33 | 36. | 49 | 37. | 14 | 37. | 74 | 38. | 28 | 38. | 74 | 39. | 10 |
| 34 | 37. | 30 | 37. | 91 | 38. | 48 | 38. | 99 | 39. | 41 | 39. | 76 |
| 35 | 38. | 10 | 38. | 69 | 39. | 21 | 39. | 70 | 40. | 09 | 40. | 43 |
| 36 | 38. | 91 | 39. | 47 | 39. | 94 | 40. | 39 | 40. | 76 | 41. | 08 |
| 37 | 39. | 72 | 40. | 23 | 40. | 67 | 41. | 08 | 41. | 44 | 41. | 73 |
| 38 | 40. | 53 | 40. | 99 | 41. | 40 | 41. | 79 | 42. | 10 | 42. | 37 |
| 39 | 41. | 33 | 41. | 75 | 42. | 13 | 42. | 48 | 42. | 77 | 43. | 01 |
| 40 | 42. | 13 | 42. | 55 | 42. | 85 | 43. | 17 | 43. | 44 | 43. | 65 |
| 41 | 42. | 91 | 43. | 16 | 43. | 57 | 43. | 86 | 44. | 10 | 44. | 30 |
| 42 | 43. | 70 | 44. | 01 | 44. | 29 | 44. | 54 | 44. | 71 | 44. | 94 |
| 43 | 44. | 49 | 44. | 77 | 45. | 00 | 45. | 23 | 45. | 41 | 45. | 58 |
| 44 | 45. | 28 | 45. | 53 | 45. | 71 | 45. | 91 | 46. | 07 | 46. | 21 |
| 45 | 46. | 07 | 46. | 27 | 46. | 43 | 46. | 60 | 46. | 71 | 46. | 84 |
| 46 | 46. | 86 | 47. | 03 | 47. | 15 | 47. | 28 | 47. | 39 | 47. | 47 |
| 47 | 47. | 65 | 47. | 77 | 47. | 87 | 47. | 97 | 48. | 04 | 48. | 11 |
| 48 | 48. | 44 | 48. | 51 | 48. | 59 | 48. | 63 | 48. | 69 | 48. | 74 |
| 49 | 49. | 22 | 49. | 26 | 49. | 29 | 49. | 33 | 49. | 35 | 49. | 37 |
| 50 | 50. | 00 | 50. | 00 | 50. | 00 | 50. | 00 | 50. | 00 | 50. | 00 |

de la ligne droite. Mais pour faire ces divifions avec plus de facilité , lorfqu'on aura divifé le 100ᵉ. cercle en 50. parties égales , on
fe fervira de l'ouverture ou de la corde de l'une de ces 50. parties ,
pour divifer le cercle fuivant ; parce que les angles que forment
ces divifions , étant en même raifon que la courbure des cercles ,
la corde du plus grand angle eft prefque égale à celle de la divifion correfpondante du plus grand cercle.

Ayant divifé tous ces cercles , on en décrira fix autres concentriques plus grands que le centiéme , & leurs divifions exprimeront
les centiémes & fractions des centiémes de la capacité du Tonneau ,
rélativement aux divifions des autres cercles. Chacun de ces cercles aura fa divifion particuliere. Le plus extérieur fera pour un
Tonneau cylindrique ; le fecond , pour un Tonneau dont les deux
diametres font entr'eux comme 100. à 90. ; le troifiéme , pour
ceux dont la proportion eft comme 100. à 80. & ainfi des autres.

On peut nommer ces fix cercles extérieurs , *Echelles Pythometriques.*

Enfin , il faudra joindre par une courbe tranfverfale les nombres correfpondants de chaque échelle , pour avoir les proportions
intermediaires comme de 100. à 85. à 84. &c.

La divifion de ces fix échelles fe fera très-aifément par le moyen
de la table ci-jointe , en tendant le fil attaché au centre fur toutes les
divifions du centiéme cercle , déterminées par la colomne correfpondante de cette Table , & marquant le nombre des mefures exprimé
dans la premiére colomne. Par exemple , pour divifer l'échelle des
Tonneaux cylindriques , on tendra le fil du centre fur la divifion 1.
26. & l'on marquera un quart fur le point où le fil coupe cette
échelle : on marquera de même un demi à la divifion 2. 06. &
ainfi des autres. Je nommerai cet Inftrument *Quartier de réduction
pour le jaugeage des Segments.*

# PROBLEME II.

*Mefurer par le moyen des Echelles Pythometriques la quantité de Liqueur qui manque dans un Tonneau.*

ON jaugera d'abord le Tonneau, comme s'il étoit plein, & l'on prendra la proportion de fes diamétres & la hauteur du Segment vuide, avec une régle divifée en parties égales quelconques. On cherchera enfuite dans le quartier, le cercle dont le quantiéme, à compter du centre, exprime le nombre de parties que contient le grand diamétre.

On cherchera fur ce cercle le nombre des parties de la hauteur du fegment vuide, & l'on tendra le fil qui eft attaché au centre, de maniére qu'il paffe fur ce point. Ce fil ira indiquer fur celle des échelles pythometriques qui convient à la proportion des diamétres du Tonneau, le nombre des centiémes ou parties de centiémes de la capacité du fegment vuide.

Pour réduire en pintes ou en toute autre mefure d'un pays quelconque, cette quantité exprimée en centiémes de la capacité du Tonneau, on multipliera la centiéme partie du Tonneau par ce nombre, ou bien on fera cette regle de trois: comme 100. eft au nombre des pintes que le Tonneau contient; ainfi le nombre marqué fur l'échelle par le fil, eft à un quatriéme terme, qui fera le nombre des pintes que contiendroit le fegment vuide.

Pour trouver la proportion des diamétres, on fera cette régle de trois, comme le diamétre du cercle à la bonde, eft au diamétre des fonds; ainfi 100. eft à un quatriéme nombre qui repréfentera le diamétre des fonds. Si ce quatriéme nombre eft 50. ou 60. ou 70. 80. 90. on fe fervira de l'échelle qui convient à ce nombre; & s'il eft moyen entre ces cinq nombres, on imaginera une échelle moyenne. La plûpart des Tonneaux en France ont la proportion des diamétres comme 100. à 80. ainfi l'on fe fervira ordinairement de l'échelle deftinée aux diamétres de 100. à 80. & comme les Tonneaux du même pays font prefque tous fem, blables, cette régle de trois, ne sera pas fort néceſſaire.

Si l'on veut trouver cette proportion des diamétres ſans aucun calcul, on ſe ſervira du fil qui eſt au centre du quartier, & ayant trouvé le cercle dont le quantiéme, à compter du centre, exprime le nombre des parties que le grand diamétre contient, on cherchera ſur ce cercle le nombre des parties que le petit contient, en ſupoſant que chaque diviſion en vaut deux, & l'on tendra le fil de maniére qu'il paſſe ſur ce point. Ce fil indiquera ſur le centiéme cercle, le nombre qui exprime le raport du petit diamétre.

Il eſt évident que par cette operation, on fait la régle de trois précedente: comme le quantiéme du cercle que l'on a pris pour répréſenter le grand diamétre, eſt au nombre de ſes diviſions, qui convient au petit diamétre; ainſi 100. eſt à un nombre proportionnel au petit diamétre.

On pourroit faire la même opération pour réduire les centiémes de la capacité du Tonneau trouvées pour le ſegment, en meſures du Pays: mais il vaut mieux faire la multiplication dont on a parlé; parceque le calcul ſera toûjours plus exact que cette opération géometrique, &qu'il faut néceſſairement être exact dans cette réduction.

On peut donc avec cette méthode réſoudre dans une minute le Probléme propoſé: étant donnés les deux diamétres, la ſolidité totale & la hauteur du ſegment d'un Tonneau, trouver la ſolidité de ce ſegment. Ce qui deviendra très-facile par les exemples ſuivants.

## PREMIER EXEMPLE.

Le diamétre du cercle à la bonde eſt de 60. parties; celui des deux fonds eſt de 48. des mêmes parties, & le vuide meſuré bien exactement depuis la ſurface du vin ou de l'huile juſques au milieu de l'ouverture du bondon eſt de 8. parties. On demande la quantité de liqueur qui manque à ce Tonneau, que l'on ſupoſe pouvoir contenir 64. Eſcandaux, meſure de Marſeille.

1°. Pour trouver la proportion des diamétres, on dira: comme le grand diamétre 60. eſt au petit 48.; ainſi 100. eſt à un qua-

triéme nombre, qui se trouve aisément en joignant deux zero à
48. & divisant 4800 par le premier terme 60. le quotient 80. fait voir
qu'il faut se servir de l'échelle destinée aux Tonneaux, dont les diamétres sont comme 100. à 80.

2°. Tendez le fil du centre sur la division 8. du cercle 60. parce
que la hauteur du segment est 8. Ce fil tombera sur le point ou
la courbe transversale 5: coupe l'échelle de 100. à 80. Ce qui fait
voir que si le Tonneau contenoit 100. escandaux, le segment proposé en contiendroit 5.

3°. Pour réduire ces 5. centiémes en escandaux, je multiplie la
capacité totale du Tonneau, qui est de 64. escandaux par 5. & je
coupe les deux dernieres figures du produit 320. ce qui me donne 3. escandaux & 2. dixiémes. Si je veux réduire ces deux dixiémes en pots, je les multiplie par 15. parce que l'escandal est de
15. pots. S'il est question d'un Tonneau d'huile, je multiplie
ces deux dixiémes par 12. parce que l'escandal de l'huile est divisé en 12. parties qu'on apelle *livres*. Ainsi le segment proposé
contient 3. escandaux & 3. pots; ou bien s'il s'agit d'un Tonneau d'huile, il contient 3. escandaux 2. livres, & deux cinquie-
mes d'une livre.

Si l'on s'étoit servi de la méthode des Jaugeurs de Marseille,
dans cet exemple, on auroit trouvé 5. escandaux & 1. pot. Ce
qui est bien différent de la valeur réelle démontrée par le calcul & par l'experience.

## EXEMPLE II.

Le diamétre du cercle à la bonde est 38. la hauteur du segment
vuide 17. le diamétre des fonds 19. & la capacité totale huit milleroles, mesure de Marseille. On demande la quantité de liqueur
qui manque à ce Tonneau.

1°. Dites : comme le grand diamétre 38. est au petit 19. ainsi
100. a un quatriéme nombre, qui se trouve en joignant deux zero
au second terme 19. & divisant 1900. par 38. Le quotient 50. nous
aprend qu'il faut se servir de l'échelle destinée aux Tonneaux dont les
diamétres sont comme 100. à 50.

2°. Tendez le fil du centre sur la 17e. division du cercle 38. parce
que le grand diamétre est ici de 38. parties & la hauteur du segment

ment de 17. Ce fil tombera fur un point de l'échelle de 100. à
50. fort près de 42. & fi l'on mefure bien la diftance de 42. à 43.
on trouvera 42. & 1 dixiéme. Ainfi le fegment propofé contient
42, centiémes & la dixiéme partie d'un centiéme de la capacité
totale du Tonneau.

3°. Pour réduire ces 42. centiémes en milleroles, je dis, comme
100. eft à 8. ainfi 42. & 1. dixiéme eft un quatriéme nombre,
qui fe trouve en multipliant 42. 1. dixiéme par 8. & coupant les
deux dernieres figures du produit 336. 8. dixiémes, ainfi le fegment
propofé contient 3. millerolles, 36. centiémes & huit dixiémes de
centiémes, ou 3. milleroles & 368. milliémes.

4°. Pour réduire ces 368. milliémes en efcandaux; je les multiplie par 4. parce que la millerole eft de 4. efcandaux, & je coupe
les 3. dernieres figures du produit 1472. Ainfi la quantité de liqueur qui manque à ce Tonneau eft de 3. milleroles, 1. efcandal
& 472. milliéme: qui valent 7. pots ou 5. livres & 3. quarts à
fort peu près, s'il eft queftion d'un Tonneau d'huile.

## E X E M P L E  I I I.

Le diamétre du cercle à la bonde étant de 46. parties égales;
& celui des fonds de 38. la hauteur du fegment vuide de 3. &
la capacité totale du Tonneau de 60. feptiers, mefure de Paris:
on demande la capacité du fegment vuide en feptiers & en pintes.

1°. Dites: 46 eft à 38. comme 100. à un quatrieme terme,
qui fe trouve en joignant deux zero à 38. & divifant 3800. par
46. le quotient 82. fait voir qu'il faut prendre une échelle moyenne entre celles de 80. & de 90. & fort près de celle de 80.

2°. Tendez le fil du centre fur la divifion 3. du cercle 46. parce que la hauteur du fegment eft 3. Ce fil tombera fur le point
ou la courbe tranfverfale 1. coupe l'échelle 82. Ce qui fait voir
que fi le Tonneau contenoit cent feptiers, le fegment propofé
en contiendroit 1.

3°. Dites: comme 100. eft à 1. ainfi la capacité du Tonneau
de 60. feptiers ou de 480. pintes eft à un quatriéme terme, qui

D

fera le nombre des pintes que contiendroit le fegment ½ vuide. On trouvera 4. pintes 2. cinquiémes.

### EXEMPLE IV.

Le diamétre du cercle à la bonde étant. de 160. parties & celui des fonds de 120. la hauteur du fegment vuide de 22. & la capacité totale du Tonneau de 128. pintes ; on demande celle du vuide.

1°. Comme 160. eft à 120. ainfi 100. à 75. Ce qui fait voir qu'il faut choifir l'échelle 75. ou l'échelle moyenne entre celles marquées de 100. à 70. & de 100. à 80.

2°. Le nombre 160. ne fe trouvant pas fur le quartier, j'en prends la moitié 80. & la moitié 11. de la hauteur du vuide. Ainfi tendant le fil fur la divifion 11. du cercle 80. il tombe dans l'échelle que j'ai choifi fur le point ou la courbe tranfverfale 5. coupe cette échelle.

3°. Je dis : comme 100. eft à 5. ainfi la capacité totale du Tonneau 128. eft à un quatriéme terme, qui eft le nombre des mefures que le fegment vuide contiendroit. Ce nombre eft de 6. pintes & 2. cinquiémes.

### EXEMPLE V

Le diamétre du cercle à la bonde eft 50. celui des fonds 40. la hauteur du fegment vuide 2. & un cinquiéme, & la capacité totale du Tonneau 114. On demande le vuide.

1°. La proportion des diametres eft celle de 100. à 80. ainfi je choifis l'échelle de 100. à 80.

2°. Le fil tendu fur la divifion 3. & 1. cinquiéme du cercle 50. tombe fur 9. dixiémes de l'échelle de 100. à 80. c'eft-à-dire, fort près du point ou la tranfverfale 1. coupe cette échelle.

3. Dites : comme 100. eft à 9. dixiémes, ainfi la capacité totale 114. eft à un quatriéme terme, qui eft 1. & 1. quart. Donc le fegment propofé contiendroit une mefure & un peu plus, conformement à l'experience que j'en ai faite fur un Tonneau qui avoit ces dimenfions.

# EXEMPLE VI.

Le grand diametre étant de 32. parties ; celui des fonds de 20. la hauteur du vuide 8. & la capacité totale 41840. pots ; on demande ce que contiendroit ce vuide,

1°. 32. est à 20. comme 100. à 62. ainsi je choisis l'échelle de 100. à 62.

2°. Tendant le fil sur la division 8. du cercle 32. il tombe sur 14. & 2. cinquiémes dans l'échelle de 100. à 62.

3°. Je dis donc : 100. est à 14. & 2. cinquiémes, comme 41840. à un quatriéme nombre qui est 6025. valeur du segment requis.

# EXEMPLE VII.

Le diametre du cercle à la bonde est 149. celui des fonds 118. la hauteur du segment est 2. & la capacité totale 224. pintes ; on demande le vuide.

1°. 149. est à 118. comme 100. à 79. ainsi je choisis l'échelle de 100. à 79.

2°. Le grand diametre 149. ne se trouvant pas dans le quartier, on en prendra la moitié 74. 1 demi avec la moitié 1. du segment 2. & tendant le fil sur la premiere division d'un cercle qu'on imagine entre 74. & 75. ce fil indiquera sur l'échelle de 100. à 79 la fraction 1. sixiéme.

3°. 100. est à 1. sixiéme, comme la capacité totale 224. à un quatriéme terme, que l'on trouvera de 37. centiémes. La méthode de Marseille donne 10. fois plus.

# EXEMPLE VIII.

Le diametre du cercle à la bonde est de 23. pouces 4. lignes ; celui des fonds de 19. pouces ; la hauteur du segment 1. pouce 6. lignes & la capacité totale de 114. mesures. On demande le segment vuide.

1°. comme le grand diametre 23. pouces 4. lignes est au petit 19. ainsi 103. a un quatrieme nombre qui sera 81. on prendra donc l'échelle de 100. à 81.

2°. Le grand diametre étant 23. pouces 4. lignes & la hauteur 18. lignes ou 1. pouce & demi ; on prendra la division un demi du cercle 23 & un tiers , & le fil tendu sur ce point coupera l'e-chelle de 100. à 81 presque au point ou la transversale 1. la coupe.

3°. Comme 100. est à 1. ainsi 114. est à un quatriéme ter-me , qui sera 1. mesure & 14. centiémes , conformement à l'expe-rience que j'en ai faite sur un petit Tonneau qui avoit ces dimensions.

Si l'on s'éroit servi de l'échelle des Tonneaux cylindriques , on auroit trouvé 3. mesures , contre l'experience.

## REMARQUE.

Si l'on demandoit un segment plus grand que la moitié du Tonneau , il faudroit mesurer la hauteur du segment plein & en trouver la capacité par les régles précédentes.

## PROBLEME III.

*Trouver par le calcul la quantité de Liqueur qui manque dans un Tonneau qui n'est pas plein.*

Divisez une régle en plusieurs parties égales ; ensorte que cha-cune de ces parties soit le coté d'un cube qui contient préci-sement la mesure du pays. Par exemple , à Paris , ou le muid contient 13824 pouces cubiques , c'est-à-dire , un cube de deux pieds de hauteur ; on divisera la régle de 2. en 2. pieds , & com-me cette division seroit trop grande pour les segments , on sousdi-visera les pieds en pouces & en lignes. Par ce moyen les principa-les divisions de 2. en 2. pieds donneront le muid ; 1. pied donne-ra un demi muid , ou 18. septiers ; le demi pied donnera le quar-teau ou 9. septiers & la ligne donnera une pinte ; puisque le demi pied contient 72. lignes & que 9. septiers contiennent aussi 72. pintes.

A Marseille où l'escandal est d'un pan cubique , c'est-à-dire , un cube dont la hauteur est de 9. pouces 3 lignes & 3. huitiémes , mesure du châtelet , on divisera la régle en pans & chaque pan

en

en 15. ou en 12. parties égales, pour avoir les pots ou les livres & ainfi des autres mefures.

Soit maintenant A H B le quart du cercle à la bonde ; D L C Fig. 1
le quart du cercle des fonds du Tonneau ; A Q Y le plan de & 2.
la moitié d'un fegment dans le cercle du bondon, & D P U le
plan d'un demi fegment correfpondant dans l'un des deux fonds,
ou dans le fonds moyen, s'ils font inégaux.

Les demi diametres A H & D L étant mefurés, avec la hauteur
A Q du fegment & la longueur du Tonneau par le moyen de la
régle dont on vient de parler, on trouvera aifément le refte de
la hauteur Q H ou P L, avec la petite hauteur D P, & ôtant du
quarré du demi diametre A H ou H Y, le quarré de Q H, on
aura le quarré de la demi bafe Q Y. On trouvera de même le
quarré de la demi bafe P U dans le cercle du fonds. Or ces
quantités étant données, on calculera la folidité du fegment,
ou la quantité du vuide qui répond au plan A Q Y en cette maniere.

1°. Multipliez le quarré de la hauteur A Q, par la fraction
décimale, 0. 29. pour avoir le quarré d'une partie Q E de cette
hauteur, qui eft un peu plus que la moitié de A Q. Ajoutez ce
quarré à celui de Q Y & tirez la racine quarrée de cette fomme.
Multipliez cette racine par fon quarré ; vous aurez le cube de l'hypothénufe E Y du triangle rectangle E Q Y. Multipliez ce cube par
la hauteur A Q ; vous aurez le premier produit.

2°. Obfervez la même régle à l'égard de la hauteur D P du fegment correfpondant du petit cercle des fonds, en multipliant le
cube de l'hypothénufe *EU* du triangle rectangle correfpondant *E P U* Fig. 2.
par la hauteur D P ; vous aurez un fecond produit, qu'il faudra
ôter du premier, & divifer le refte par la différence des quarrés
des demi diametres A H & D L.

3°. Multipliez ce quotient par la longueur du Tonneau, & prenez 8 quinziémes du produit ; vous aurez la folidité du fegment
propofé, ou la quantité de liqueur qui manque à ce Tonneau.

Cette méthode eft apuyée fur ce principe. Soit G R D A une Fig. 3.
demi parabole, qui roulant autour de fon axe G H, decrit un
conoïde parabolique. Il eft démontré que toute fection D C ou
R Q faite par un plan perpendiculaire à la parabole G R D A & pa-

E

ralléle à son axe G H , est une parabole dont le parametre est le
même que celui de la parabole GRDA. Ce parametre est égal
à la difference des quarrés des demi diametres A H & DL, divisée par leur distance LH. Donc le segment A R Q du conoïde parabolique , est la somme d'autant de Paraboles , qu'il y a de parties dans sa hauteur AQ & chacune de ces paraboles étant les deux
tiers du Parallélogramme rectangle circonscrit, si l'on multiplie l'ex-
pression de ce rectangle par la differentielle DX de la hauteur AQ ,
on aura l'élement du solide ARQ , dont l'intégrale finie , en sup-
posant la quadrature de l'espace circulaire AQY , donnera la solidité du segment ARQ. Mais si l'on veut réduire en série l'éle-

Fig. 1. ment de ce solide & prendre l'intégrale de chaque terme, on verra que le produit de 8. quinziémes de la hauteur AQ par la longueur du Tonneau & par le cube de l'hypothénuse EY, étant divisé par la difference des quarrés des demi diametres AH & DL ,
donnera l'intégrale très-aprochante.

Fig. 2. Par la même raison, le produit de 8. quinziémes de la moindre hauteur DP, par le cube de l'hypothénuse EU & par la longueur
du Tonneau , étant divisé par la même difference des quarrés de
AH & DL , donnera la seconde intégrale ou le solide DRP. Donc
si l'on retranche la seconde intégrale DRP de la premiere ARQ ,
on aura le segment requis ADPQ.

## E X E M P L E.

Fig. 1. La hauteur AQ du segment proposé est 30. le demi diametre
AH du cercle à la bonde est 50 ; celui des fonds DP est 40. la
longueur du Tonneau est 100. on demande la solidité du segment ;
ou le nombre des pintes qui manquent au Tonneau ; supposé que
chaque division soit le côté d'un cube qui contient une pinte.

1°. Le quarré de AQ (30.) est 900. que je multiplie par la fraction décimale , o. 29. pour avoir le quarré de QE, 261. le quarré
de la demi base QY se trouve en ôtant du quarré de AH (2500.)
celui de QH (400.) ainsi ce quarré de QY est 2100. lequel étant
ajouté à celui de QE, donne 2361. La racine quarrée de cette somme est en nombres décimaux 48. 59. je multiplie cette racine par

ſon quarré 2361. pour avoir le cube de l'hypothénuſe EY, 114721. Je multiplie ce cube par la hauteur AQ (30.) pour avoir le premier produit 3441630.

2°. La petite hauteur DP eſt 20. ſon quarré eſt 400. que je multiplie par la fraction 0. 29. pour avoir le quarré de P$E$, 116. le quarré de P$U$, ſe trouve en ôtant du quarré de DL (1600) celui de PL [400.] Ainſi ce quarré de P$U$ eſt 1200. lequel étant ajouté à celui de P$E$, donne 1316. dont la racine eſt 36. 28. que je multiplie par ſon quarré 1316. pour avoir le cube de $EU$, 477445. Je multiplie ce cube par la hauteur DP [20.] pour avoir le ſecond produit, 954890. qu'il faut ôter du premier 3441630. le reſte eſt 2486740. que je diviſe par 900. (différence des quarrés 2500. & 1600. des demi diametres AH & DL.) Le quotient eſt 2763, 04.

3°. Je multiplie ce quotient par la longueur 100. & je prends 8. quinziemes du produit 276304. ce qui me donne 147362. valeur du ſegment propoſé.

Si la régle dont on s'eſt ſervi pour prendre ces dimenſions avoit été diviſée en pouces, il faudroit diviſer le nombre trouvé 147362. par 48. pour avoir le nombre des pintes qui manquent à ce Tonneau ; parce que chaque pinte eſt de 48. pouces cubiques ; le côté d'un cube qui contient une pinte, eſt de 3. pouces 7. lignes 61. centiémes.

C'eſt ſur ces principes qu'on a calculé la Table ci-jointe, en ſupoſant que le diametre du cercle à la bonde, eſt de 100 parties égales, & que la capacité totale du Tonneau, eſt de 100. meſures. La premiere colomne marque la hauteur de chaque ſegment vuide depuis le bondon juſques au milieu du Tonneau. Les autres contiennent le nombre des meſures, qui ſe trouvent dans chaque ſegment correſpondant, ſelon la grandeur du diametre des fonds comparé au diametre du cercle à la bonde. Par exemple, ſi l'on diviſoit le diametre du cercle à la bonde d'un Tonneau en 100. parties égales, & ſi ce Tonneau contenant 100. pots ou pintes ou autres meſures, on vouloit ſavoir la capacité du ſegment, dont la hauteur contient 1. ou 2. ou 3. &c. de ces parties égales ; il faudroit encore meſurer avec la même échelle le diametre de l'un des deux fonds. Car ſi ce diametre étoit de 100. parties, le ſegment 1. contiendroit 17. centiémes d'une meſure ; s'il étoit de

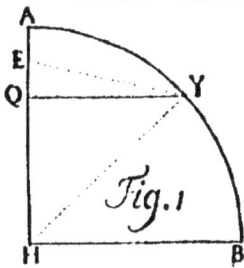

Fig. 1

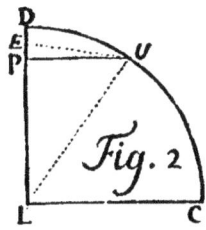

Fig. 2

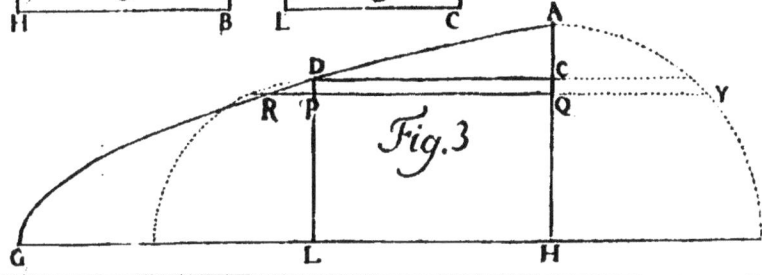

Fig. 3

90. parties, le même segment n'en contiendroit que 2. centiémes ; & s'il étoit de 50. il ne contiendroit que 8. milliémes d'une mesure.

Telle est la construction de cette Table, dont on expliquera l'usage dans le Probleme suivant.

_____

# PROBLEME IV.

*Trouver par les Tables la quantité de Liqueur qui manque dans un Tonneau,*

IL faut prendre le diametre du cercle à la bonde, la hauteur du segment vuide & le diametre de l'un des deux fonds avec une régle divisée en parties égales quelconques ; & ayant jaugé le Tonneau comme s'il étoit plein, on prendra la proportion de ses diametres, pour savoir quelle est la colomne que l'on doit choisir dans la Table des segments.

Ensuite on dira : comme le grand diametre du Tonneau proposé, est à la hauteur du segment vuide ; ainsi 100, est à un quatriéme terme, qui indiquera le quantiéme segment on doit prendre dans la colomne trouvée. Si ce quatriéme terme est un nombre entier, par exemple, 3. sans fraction, on prendra dans la colomne qui convient à la proportion des diamettres du Tonneau, le nombre des mesures qui répond au nombre 3. de la premiere colomne ; & si ce quatriéme terme est accompagné de quelque fraction, par exemple 1. quart, on ajoutera au nombre des mesures qui repond à 3. le quart de la différence entre la capacité du segment 3. & celle du segment 4. qui le suit immediatement. ces mesures ainsi trouvées sont des centiémes de la capacité totale.

Enfin on reduira en pintes ou en toute autre mesure du pays, les centiémes que l'on vient de trouver, comme on a fait dans le Probléme second, en multipliant par ce nombre le centiéme du total du Tonneau.

Si le diametre des fonds ne se raporte à aucune des colomnes de
la

# TABLE

De la Capacité des Segments des Tonneaux, dont le grand Diametre est de 100. parties égales, & la Capacité totale de 100. mesures.

| Hauteurs des Segments | Diametre des Fonds, 100. | | | Diametre des Fonds, 90. | | | Diametre des Fonds, 80. | | | Diametre des Fonds, 70. | | | Diametre des Fonds, 60. | | | Diametre des Fonds, 50. | | |
|---|---|---|---|---|---|---|---|---|---|---|---|---|---|---|---|---|---|---|
| | Mesures. | centiémes. | diférences. | Mesures. | centiémes. | diférences. | Mesures. | centiémes. | diférences. | Mesures. | centiémes. | diférences. | Mesures. | centiémes. | diférences. | Mesures. | centiémes. | diférences. |
| 1 | 0. | 17. | 31 | 0. | 12. | 8 | 0. | 1. | 5 | 0. | 1. | 3 | 0. | 1. | | 0. | 1. | 1 |
| 2 | 0. | 48. | 39 | 0. | 10. | 14 | 0. | 6. | | 0. | 4. | 7 | 0. | 4. | | 0. | 2. | 6 |
| 3 | 0. | 87. | 46 | 0. | 24. | 23 | 0. | 14. | 15 | 0. | 11. | 10 | 0. | 9. | | 0. | 5. | 9 |
| 4 | 1. | 33. | 53 | 0. | 46. | 37 | 0. | 27. | 17 | 0. | 21. | 17 | 0. | 18. | 15 | 0. | 11. | 13 |
| 5 | 1. | 86. | | 0. | 83. | 44 | 0. | 43. | 37 | 0. | 38. | 20 | 0. | 30. | 15 | 0. | 21. | 17 |
| 6 | 2. | 44. | 38 | 1. | 27. | 51 | 0. | 75. | 35 | 0. | 58. | 37 | 0. | 51. | 13 | 0. | 48. | 22 |
| 7 | 3. | 07. | 63 | 1. | 80. | 63 | 1. | 10. | 41 | 0. | 85. | 14 | 0. | 74. | 30 | 0. | 70. | 26 |
| 8 | 3. | 75. | 68 | 1. | 43. | 64 | 1. | 53. | 50 | 1. | 19. | 38 | 1. | 04. | | 0. | 96. | 26 |
| 9 | 4. | 45. | 70 | 1. | 6. | 69 | 1. | 69. | | 1. | 37. | 41 | 1. | 37. | 39 | 1. | 18. | 26 |
| 10 | 5. | 10. | 75 | 1. | 75. | 72 | 1. | 60. | 65 | 1. | 10. | 51 | 1. | 76. | 41 | 1. | 64. | 43 |
| 11 | 5. | 98. | 78 | 4. | 47. | 77 | 1. | | 72 | 1. | | 58 | 2. | 21. | | 2. | 06. | 47 |
| 12 | 6. | 79. | 81 | 5. | 10. | 83 | 3. | 97. | 77 | 1. | 11. | 54 | 2. | 51. | 55 | 3. | 13. | 53 |
| 13 | 7. | 63. | 84 | 6. | 05. | 90 | 4. | 77. | 81 | 1. | 75. | 71 | 3. | 17. | 64 | 3. | 06. | 62 |
| 14 | 8. | 51. | 88 | 6. | 95. | 86 | 5. | 56. | 86 | 4. | 48. | 77 | 3. | 91. | 67 | 3. | 68. | 68 |
| 15 | 9. | 40. | 89 | 7. | 81. | 91 | 6. | 43. | 90 | 5. | 25. | 84 | 4. | 58. | 75 | 4. | 36. | 69 |
| 16 | 10. | 31. | 93 | 8. | 76. | 95 | 7. | 31. | 93 | 6. | 09. | 91 | 5. | | 80 | 4. | 95. | 75 |
| 17 | 11. | 17. | 95 | 9. | 96. | | 8. | 30. | 103 | 7. | 91. | 98 | 6. | 11. | 85 | 6. | 42. | 78 |
| 18 | 11. | 31. | 95 | 10. | 67. | 103 | 9. | 30. | 103 | 7. | 91. | 98 | 6. | 98. | | 6. | 42. | 86 |
| 19 | 11. | 31. | 101 | 11. | 69. | 103 | 10. | | 104 | 8. | 91. | 103 | 7. | 90. | 97 | 7. | 14. | 90 |
| 20 | 14. | 24. | 101 | 12. | 73. | 104 | 11. | 17. | 105 | 9. | 94. | 105 | 8. | 87. | | 8. | 14. | 95 |
| 21 | 15. | 26. | 102 | 13. | 76. | 106 | 11. | 31. | 110 | 10. | 99. | 110 | 9. | 89. | 108 | 9. | 19. | 100 |
| 22 | 16. | 31. | 103 | 14. | 81. | 110 | 14. | 41. | 112 | 11. | 09. | 112 | 10. | 97. | 110 | 10. | 19. | 106 |
| 23 | 17. | 37. | 106 | 15. | 91. | 113 | 14. | 31. | 116 | 14. | 41. | 115 | 11. | 07. | 114 | 11. | 36. | 115 |
| 24 | 18. | 45. | 103 | 16. | 23. | 116 | 15. | 66. | 117 | 14. | 34. | 115 | 12. | 21. | 114 | 11. | 51. | 115 |
| 25 | 19. | 55. | 110 | 18. | 14. | 114 | 16. | 81. | | 15. | 31. | 84 | 14. | 19. | | 13. | 51. | 119 |
| 26 | 10. | 66. | 111 | 19. | 18. | 116 | 17. | 98. | 110 | 16. | 71. | 111 | 15. | 61. | | 14. | 70. | 114 |
| 27 | 11. | 78. | 111 | 10. | 44. | | 18. | 94. | | 17. | 94. | 114 | 16. | 84. | 117 | 15. | 94. | 117 |
| 28 | 14. | 07. | 116 | 11. | 61. | | 10. | 40. | | 18. | 51. | | 16. | 98. | 117 | 16. | 95. | |
| 29 | 14. | 07. | 116 | 11. | 61. | 110 | 10. | 40. | 119 | 19. | 51. | 119 | 16. | 40. | 130 | 17. | 94. | 114 |
| 30 | 15. | 31. | 116 | 14. | 03. | 110 | 11. | 89. | 117 | 11. | 75. | 130 | 19. | 70. | 136 | 19. | 85. | 135 |
| 31 | 16. | 40. | | 15. | 31. | 118 | 14. | 31. | 128 | 14. | 99. | | 11. | 06. | | 11. | 30. | 118 |
| 32 | 17. | 19. | 119 | 16. | 44. | | 16. | 41. | 129 | 14. | 37. | 134 | 14. | 41. | | 11. | 99. | 141 |
| 33 | 18. | 77. | 119 | 17. | 70. | | 16. | 19. | | 15. | 75. | 135 | 14. | 78. | | 13. | 99. | 143 |
| 34 | 19. | 97. | 112 | 18. | 97. | | 18. | 01. | | 17. | 06. | 135 | 16. | 18. | 141 | 14. | 41. | 143 |
| 35 | 31. | 13. | 111 | 30. | 15. | | 19. | 14. | 131 | 18. | 41. | 140 | 17. | 19. | 144 | 16. | 86. | 146 |
| 36 | 31. | 40. | | 31. | 15. | 129 | 11. | 67. | 135 | 19. | 15. | 140 | 19. | 01. | | 18. | 31. | 147 |
| 37 | 34. | 63. | 114 | 14. | 11. | | 11. | 14. | | 11. | 31. | 140 | 19. | 47. | 144 | 19. | 79. | 151 |
| 38 | 34. | 87. | 114 | 14. | 11. | | 11. | 36. | 135 | 11. | 61. | 140 | 11. | 91. | 147 | 11. | 31. | 153 |
| 39 | 36. | 11. | 113 | 15. | 40. | 119 | 14. | 71. | 138 | 14. | 01. | 143 | 11. | 19. | 148 | 11. | 85. | 155 |
| 40 | 37. | 33. | 114 | 36. | 69. | | 16. | 03. | 117 | 15. | 45. | 143 | 14. | 87. | | 14. | 35. | 155 |
| 41 | 38. | 60. | 115 | 38. | 00. | | 17. | 46. | 116 | 16. | 88. | 146 | 16. | 31. | | 28. | 31. | 154 |
| 42 | 39. | 85. | 113 | 39. | 14. | 133 | 18. | 63. | 137 | 18. | 31. | 145 | 17. | 11. | 150 | 19. | 41. | 155 |
| 43 | 41. | 37. | 116 | 40. | 11. | 133 | 40. | 35. | 133 | 19. | 75. | 145 | 19. | 31. | 151 | 31. | 36. | 156 |
| 44 | 41. | 63. | 117 | 41. | 97. | 131 | 41. | 11. | 119 | 41. | 20. | 146 | 40. | 85. | 153 | 41. | 97. | 158 |
| 45 | 44. | 91. | 118 | 44. | 61. | | 44. | 66. | 140 | 41. | 66. | | 41. | 37. | | 41. | 31. | 158 |
| 46 | 46. | 91. | 118 | 44. | 61. | 30 | 44. | 39. | 140 | 44. | 11. | 146 | 44. | 89. | 154 | 43. | 66. | 157 |
| 47 | 47. | 18. | 117 | 41. | 92. | 130 | 45. | 41. | 141 | 45. | 13. | 146 | 44. | 41. | 155 | 45. | 15. | 157 |
| 48 | 47. | 47. | 117 | 41. | 33. | 130 | 46. | 19. | 141 | 46. | 04. | 147 | 46. | 94. | 155 | 45. | 31. | 158 |
| 49 | 48. | 71. | 118 | 48. | 61. | 118 | 48. | 19. | 141 | 48. | 11. | 149 | 48. | 47. | 155 | 48. | 41. | 159 |
| 50 | 50. | 00. | | 50. | 00. | | 50. | 00. | | 50. | 00. | | 50. | 00. | | 50. | 00. | |

la Table ; mais qu'il fe trouve , par exemple , entre 80. & 90. comme de 84. on prendra les nombres qui font dans les deux
colomnes , à la ligne de la même hauteur de fegment, avec leur
différence , & on ajoutera au moindre nombre , la partie proportionnelle de cette différence, en difant , comme 10. (différence
entre 80. & 90.) eſt à la différence entre les nombres pris dans
les deux colomnes ; ainfi 4. excés de 84. fur 80. eſt à un quatriéme terme ; lequel fera la partie proportionnelle qu'il faut ajoûter au nombre pris dans la colomne 80. pour avoir le nombre
qui convient à la colomne de 84. intermediaire entre 80. & 90

## REMARQUES ET EXEMPLES.

Pour fimplifier les régles générales qu'on vient de donner &
pour faire mieux comprendre les opérations néceſſaires dans tous
les cas où il fe trouve des fractions, on n'a fupofé que des fractions très - fimples, comme un quart, quatre dixiémes ou 2. cinq-
quiémes. Mais on ne trouve prefque jamais des fractions auſſi
fimples ; parce qu'elles ont toutes pour dénominateur, le grand
diamétre du Tonneau, tel qu'il a été trouvé lorfqu'on l'a mefuré
avec les parties égales & que le nombre des parties égales, qui
mefurent le grand diamétre d'un Tonneau, eſt toûjours un grand
nombre. En effet il importe à l'exactitude du calcul, que ces
parties fôient petites & par conféquent nombreufes. Il faut donc
réduire toutes ces fractions aux fractions décimales, en cette maniére.

La fraction peut fe trouver ou dans le quatriéme terme de la
proportion qui détermine la colomne que l'on doit choifir dans la
Table de la capacité des fegments, ou dans le quatriéme terme
de celle qui détermine la hauteur du fegment que l'on doit choifir
dans la premiére colomne de cette Table ; ou enfin, elle peut fe
trouver, & même elle fe trouve très fréquemment dans le quatriéme terme de chacune de ces deux proportions. Dans le premier cas, il faut joindre encore deux zero au nombre qui exprime
le petit diamétre outre les deux que la régle prefcrit, & multiplier
par les trois derniéres figures du quotient à main droite, la dif-

F

férence entre les capacités trouvées dans les deux colonnes de la
Table, en prenant ces trois figures pour des milliémes. Le produit
donnera la partie proportionnelle qu'il faut ajoûter. Par exemple,
si vous avez pour grand diamétre 64. & pour petit diamétre 53.
en joignant suivant la régle donnée dans le Problème second,
deux zero au bout des figures du petit diamétre, vous aurez
5300. & joignant encore deux zero pour avoir des centiémes, vous
aurez 5300. 00. que vous diviserez par 64. qui est le grand diamétre. Le quotient est 82. 81. en négligeant les autres fractions
qui ne sont que des milliémes. Ce quotient vous fait voir que
la colonne dont il s'agit doit être entre celle de 80. & celle
de 90.

Supofons que la hauteur du segment vuide ait été trouvée de
16. parties égales. On doit la réduire aux hauteurs de la Table
suivant la régle donnée au commencement de ce Problème, en disant : Comme le grand diamétre 64. est à la hauteur 16. ainsi
100. est à 25. Ce qui fait voir que l'on doit choisir la 2. 5e. hauteur de segment dans la premiére colonne de la Table. Or cette
hauteur 25. répond au nombre 18. 14 dans la colonne de 90. &
au nombre 16. 81. dans celle de 80. dont la différence 1. 33. doit
être multipliée par les trois derniéres figures du premier quotient 281.
en prenant ces trois figures pour des milliémes. Le produit 37.
c'est-à-dire, 37. centiémes, est la partie proportionnelle, laquelle étant
ajoûtée au moindre des deux nombres 16. 81. qui ont été pris dans les
colonnes 80. & 90. formera la somme 17. 18. qui est la valeur du segment
proposé ; savoir 17. centiémes & 18. centiémes de centiéme ou 1718. dix
milliémes de la capacité totale du Tonneau, que l'on réduit en mesures du Pays par la méthode donnée dans le Problème second. Il faut faire
le même à proportion pour tous les autres cas de cette premiére
espéce.

Ceux qui sont au fait des fractions décimales voyent bien que
par la derniére multiplication, on a fait la régle de trois prescri-
te par ce Problème, comme 10. (différence entre 80. & 90.)
est à 1. 33. (différence entre les centiémes qui répondent à la
même hauteur 25. dans les colonnes 80. & 90.) ainsi 2. 81.
(excés de 82. 81. sur 80.) est à un quatriéme terme qui doit être
la partie proportionnelle qu'il faut ajoûter au moindre nombre.

En effet en reduifant 2. 81. à 281. milliémes , on a divifé par 10. le produit de 1. 33. par 2. 81. Si l'on vouloit poufler plus loin l'exactitude, on ajouteroit plus de deux zero au premier produit 5300. ce qui feroit fort inutile dans la pratique.

Dans le cas de la feconde efpèce , favoir, lorfque la fraction fe trouve feulement dans le quatriéme terme de la proportion qui détermine la hauteur du fegment réduite aux hauteurs de la premiére colomne de la Table , il faut, comme dans le premier cas , joindre encore deux zero au dividende, outre les deux que la régle preferit, & multiplier feulement par les deux figures du quotient à main droite , la différence entre les nombres qui répondent aux deux hauteurs correfpondantes de la même colomne. Le produit donnera la partie proportionnelle , qu'il faut ajouter au nombre qui répond à la moindre hauteur, pour avoir par ce moyen la valeur du fegment propofé en centiémes & centiémes de centiéme de la contenance totale du Tonneau. Rapellons le premier exemple donné dans le fecond Probléme. Dans cet exemple , les diamétres ayant été fupofés 60. & 48. leur proportion a été trouvée comme 100. à 80. fans fraction. Ainfi on prendra la valeur du fegment dans la colomne marquée pour les fonds 80. fans avoir aucune partie proportionnelle à y ajoûter : mais le fegment ayant été fupofé dans ce même exemple de 8. de hauteur des mêmes parties que le grand diamétre 60. qu'on vient de réduire à 100. il faut aussi y réduire la hauteur 8. à proportion, & dire , comme 60. est à 8. ainfi 100. est à un quatriéme terme , lequel étant accompagné de fractions, je joins quatre zero à 8. & divifant 800. 00. par 60. j'ai pour quotient 13. 33. c'eft-à-dire 13. & 33. centiémes. Ce qui fait voir que la partie proportionnelle qui répond à cette fraction doit être entre les hauteurs de fegment 13. & 14. Prenez donc la différence entre les nombres 4. 74. & 5. 56. qui répondent dans la colomne de 80. aux hauteurs de fegment 13. & 14, cette différence est 82. qu'il faut multiplier par la fraction trouvée. 33. Le produit .27. c'eft-à-dire, 27 centiémes ( en négligeant les autres fractions décimales ] fera la partie proportionnelle qu'il faut ajoûter au moindre des deux nombres précédens, qui ont été pris dans la colomne de 80. c'eft-à-dire, à 4. 74. pour avoir le nombre 5.

or, qui indique que la valeur du fegment eft 5. centiémes de la
contenance totale du Tonneau, négligeant l'unité qui fe trouve au
bout de ce nombre ; parce qu'elle ne fignifie que 1. centiéme de
centiéme, c'eft-à-dire, 1. dix milliéme de la contenance totale du
Tonneau. On réduit ces 5. centiémes en mefures du Pays, comme dans le Problême fecond.

Dans ce fecond cas on n'a pas pris les centiémes pour des milliémes comme dans le premier cas, parce que le premier terme de
la régle de trois n'eft pas 10. mais 1. car cette régle pour trouver la partie proportionnelle , doit être conçûë en ces termes ;
comme 1. [différence entre les hauteurs 13. & 14. ] eft à 82.
[ différence entre les centiémes qui répondent à ces deux hauteurs ] ainfi .33. ( excès de 13. 33. fur 13. ) eft à un quatriéme terme, qui doit être la partie proportionnelle qu'il faut ajoûter au
nombre qui répond à la hauteur 13. dans la colomne 80.

Le cas de la troifiéme efpéce eft le plus compofé , fçavoir ,
lorfque la fraction fe trouve tout à la fois dans le 4e. terme de la
proportion qui détermine la colomne de la Table & dans le quatriéme terme de la proportion qui détermine la hauteur du fegment réduite à l'une des hauteurs de la premiére colomne de
cette Table.

Dans ce cas, il convient de commencer l'opération par la dé-
termination des deux colomnes entre lefquelles doit fe trouver
celle qui convient au cas propofé ,& cela comme on l'a marqué
ci-devant pour le cas de la premiére efpéce , c'eft-à-dire , en joignant quatre zero au nombre qui exprime le petit diamétre & divifant ce produit par le grand diamétre. La premiére figure du
quotient , donnera le tître de l'une des colomnes entre lefquelles
doit être celle du cas propofé & l'on gardera les 3. figures fui-
vantes pour la derniére réduction.

Ces deux colomnes étant déterminées & la hauteur du fegment
donné étant réduite à l'une des hauteurs de fegment de la premiére colomne de cette Table, on prendra par la méthode du fecond cas la capacité du fegment qui convient à chacune de ces
deux colomnes ; puifqu'on fupofe une fraction dans le quatriéme
terme de cette feconde régle de proportion. Enfuite prenant la
                                                          différence

différence entre ces deux capacités que l'on vient de trouver, on multipliera cette différence par les 3. figures trouvées dans la première opération, & l'on aura un produit qui sera la partie proportionnelle, qu'il faut ajoûter à la moindre des deux derniéres capacités trouvées. Le 3ᵉ. exemple du Probléme second, fera comprendre cette régle.

Dans cet exemple, les diamétres ont été supofés de 46 & de 38. parties égales, & la hauteur du fegment de 3. de ces mêmes parties.

1°. Cherchons s'il y aura fraction dans le quatriéme terme de la proportion qui détermine la colomne que l'on doit choifir, en difant ; comme le grand diamétre 46. eft au petit 38. ainfi 100. eft à un quatriéme nombre. Multipliant donc 38. par 100. on a 3800. & divifant par 46. ayant ajoûté encore deux ou 3. zero, on aura pour quotient 82. 608. ou 82. 61. en ne retenant que les centiémes, felon la régle des fractions décimales, qui prefcrit d'ajoûter 1. à la derniére figure, lorfque celle qu'on néglige & qui fuit immediatement la derniére, furpaffe 5. Ce quotient fait voir que la fraction que je dois rétenir, eft 261. & que les deux colomnes entre lefquelles doit fe trouver celle qui me convient, font celles de 80. & de 90.

2°. Je réduis la hauteur 3. du fegment trouvé, en difant, fuivant la régle donnée au commencement de ce Probléme ; comme le grand diamétre 46. eft à la hauteur trouvée 3. ainfi 100. eft à un quatriéme terme. Le quotient de la divifion de 300. 00. par 46. eft 6. 52. c'eft à-dire, 6. & 52. centiémes. Ce qui m'indique que ma hauteur de fegment réduite eft entre les hauteurs 6. & 7. de la Table.

3°. Je prends dans la colomne de 90. la différence entre les valeurs des fegments, qui répondent aux hauteurs 6. & 7. Cette différence eft .53. que je multiplie par la fraction trouvée .52. Le produit .27. [ négligeant les milliémes ] eft la partie proportionnelle que j'ajoûte au moindre des deux nombres dont j'ai pris la différence, fçavoir, à 1. 27. & j'ai la capacité 1. 54. qui convient à la colomne de 90.

4°. Je trouve par la même méthode, la capacité qui convient à

G

la colomne de 80. en prenant dans cette colomne la différence 35. entre les nombres qui répondent aux hauteurs 6. & 7. & multipliant cette différence par la même fraction trouvée .52. Le produit .18. ( négligeant les milliémes) est la partie proportionnelle que j'ajoûte au moindre des deux nombres dont j'ai pris la différence, sçavoir, à .75. & j'ai la capacité .93. qui convient à la colomne de 80.

5.° Ayant ces deux capacités 1. 54. & .93. j'en prends la différence qui est .61. & je la multiplie par les 3. figures trouvées dans la premiére opération .26. [ en les prenant pour des milliémes ] Le produit 159. ou 16. centiémes, est la partie proportionnelle que j'ajoûte à la moindre des deux capacités trouvées, c'est-à-dire, à .93. pour avoir par la somme 1. 09. la valeur du segment proposé, qui est par conséquent 1. centiéme & 9. centiémes de centiéme, ou 9. dix milliémes de la capacité totale du Tonneau donné.

S'il se trouvoit un cas où il n'y eut aucune fraction, ni au quatriéme terme de la proportion qui détermine la colomne que l'on doit choisir, ni à celui de la proportion qui réduit la hauteur du segment à l'une de celles de la Table, le cas seroit de la derniére simplicité ; aussi est il extrememênt rare : il seroit de la derniére simplicité ; car alors le nombre qui se trouveroit dans la colomne choisie, vis-à-vis de la hauteur du segment réduite, seroit la valeur du segment proposé, sans autre opération. Par exemple, si le grand diamétre étoit 60. le petit 48. & la hauteur du segment 15. ces diamétres seroient comme 100. à 80. sans fraction & la hauteur du segment réduite à la Table seroit 25. aussi sans fraction. Car comme 60. à 15. ainsi 100. à 25. En ce cas le nombre 16. 81. pris dans la colomne de 80. vis-à-vis de la hauteur de segment 25. seroit la valeur du segment proposé, sçavoir, 16. centiémes & 81. centiémes de centiéme, ou, 1681. dix milliémes de la contenance totale du Tonneau proposé. Mais pareil cas est des plus rares, parce que pour qu'il arrive, il faut nécessairement que le grand diamétre & le petit, soient entr'eux précisément, comme 100. à 90. ou à 80. ou à 70. ou à 60. ou à 50. & qu'en même tems la hauteur du segment trouvée, en divisant par le grand diamétre, aye pour quotient une partie aliquote commune à 100. & au grand diamétre ; ce qu'il est moralement impossible de trouver ensemble.

Dans tous les cas précédens, on réduit le segment trouvé aux mesures du Pays, comme dans le Probléme second, en disant : comme 100. est à la valeur trouvée du segment ; ainsi la contenance totale est à un quatriéme terme.

Ces exemples renferment toutes les difficultés qui peuvent se trouver dans ce calcul. Si l'on veut s'exercer à calculer la valeur des segments par la Table précédente, on trouvera 59. exemples dans le détail & les Tables qu'on va donner, de deux expériences faites à Marseille.

Ces deux expériences ont été faites sur deux Barrils ou petits Tonneaux, dont l'un contenoit 2240. pouces cubiques de Roi, faisant 46. pintes & deux tiers ; l'autre étoit de 298. pouces cubiques & 2. septiémes, ou de 6. pintes 10. pouces & 2. septiémes.

Ces deux capacités ont été vérifiées méchaniquement avec une petite mesure faite exprés, & contenant le cube de 2. pouces de Roi, c'est-à-dire, 8. pouces cubiques. On les a aussi mesurées avec le pot de Marseille, qui est de 53. pouces cubiques & un tiers. Le plus grand de ces deux Barrils contenoit précisément 42. pots. Or 42. pots à 53. & 1. tiers, pouces cubiques, donnent exactement 2240 pouces. Ce même Barril contenoit exactement 280. fois la petite mesure de 8. pouces cubiques. Ce qui donne encore les mêmes 2240. pouces.

Il entroit dans le plus petit de ces deux Barrils 5. pots de Marseille, avec 4. petites mesures, dont la derniére faisoit remonter la liqueur dans le trou de la bonde d'environ l'épaisseur de la douve. Cette épaisseur étoit presque de 5. lignes & le diamétre du trou étoit de 14. lignes. Ce qui nous fit estimer cet excédent d'environ un tiers de pouce. Or 5. pots de Marseille, nous donnoient déja 266. pouces & 2. tiers de capacité & les 4. petites mesures y ajoutoient 32. pouces. D'où ôtant environ 1. tiers de pouce pour l'excédent remonté dans le trou de la bonde, il reste 31. pouces & 2. tiers ; ce qui joint à 266. & 2. tiers, à quoi montent les 5. pots, donne 298. pouces & 1. tiers. Mesurant ensuite ce même petit barril avec la mesure de 8. pouces, elle s'y trouva 37. fois & une partie de la 38e. ensorte que la petite mesure, mise bien de niveau diminua près de 7. lignes ; ce qui nous fit estimer à 2. septiémes la quantité qui étoit entrée au-delà de 37. mesures.

Aprés plusieurs vérifiçations toûjours sensiblement conformes les unes aux autres, nous crûmes devoir prendre pour unité cette petite mesure & nous en servir dans nos expériences, & il nous parut évident que le plus grand des deux Barrils contenoit 180. de ces mesures, & que le plus petit en contenoit 37. & 2. septiémes. Ce fut avec Mr. Juliani, Medecin de l'Isle de Corse, très-bon Géométre, que je fis ces deux expériences, & ce fut avec une précision à laquelle il ne crût pas qu'on pût rien ajoûter d'utile dans la pratique.

Nous commençâmes nos expériences par le plus grand des deux Barrils, dont nous trouvâmes le grand diamétre de 149. lignes de Roi, & le petit de 118. Nous y mîmes d'abord 140. petites mesures d'eau, & l'ayant laissé reposer afin que sa surface fût bien tranquille, nous y introduisîmes une baguette graduée en lignes, qui étoit la même avec laquelle nous avions mesuré les diamétres ; pour voir si ces 140. mesures occupoient précisément la moitié du grand diamétre ; c'est-à-dire, si le segment plein étoit égal au segment vuide ; & s'ils avoient chacun 74. lignes & demi de hauteur, moitié de 149. Nous eûmes le plaisir de voir notre attente sensiblement remplie, j'ai dit, *sensiblement*, parce que nous vîmes pendant tout le tems de l'expérience, qu'il étoit impossible de déterminer jusqu'où alloit la surface de l'eau par l'humectation de la baguette, jusqu'à s'assurer d'un quart de ligne. Car le terme entre le sec & l'humide de la baguette étoit toûjours indéterminé environ à un quart de ligne de longueur, de quelque matiére que fût la baguette plongée dans l'eau. C'est ce qui nous détermina à prendre le quart de ligne pour la plus petite mesure des hauteurs de nos segments.

Le petit Tonneau étant ainsi préparé, nous y versâmes une de nos mesures d'eau, au moyen d'un entonnoir à grand tuyau, qui touchoit au fond du barril, étant introduit par sa bonde. Par là
en

on empêchoit autant qu'il se pouvoit que cette nouvelle eau ver-
sée peu à peu dans l'entonnoir, ne fit balancer la surface de l'eau
qui étoit dans le barril, & afin que l'eau ne tombât pas violem-
ment, mais par une pente douce, dans celle qui occupoit la moitié du Barril, on avoit coudé le tuyau de l'entonnoir en dehors
& nous l'avions posé diagonalement dans le barril. Par ce moyen
la plus grande ouverture de l'entonnoir, se trouvoit hors de l'a-
plomb du trou de la bonde; ensorte qu'on pouvoit mesurer les
hauteurs des segments, sans remuer cet entonnoir pendant tout le
tems de l'expérience : Enfin pour être plus assurés de la tranquil-
lité de l'eau lorsque nous mesurions ces hauteurs, nous la laissions
reposer un certain tems, toutes les fois que nous avions introduit
une nouvelle eau dans le Barril.

Cette première mesure n'éleva presque pas la surface de l'eau d'un
quart de ligne & cette élévation nous parut si indéterminée, que
nous resolûmes d'introduire encore 4. autres mesures dans le barril & de continuer ainsi de 5. en 5. mesures, jusques à ce que
la différence des hauteurs des segments nous parût assez notable
pour pouvoir n'y verser que 4. mesures à la fois, ensuite de 3.
en 3. de 2. en 2. & enfin mesure par mesure. Cette remarque nous
conduisit à les introduire de 5. en 5. jusques à ce que le segment
vuide fut réduit à la capacité de 55. mesures, par l'introduction
de 85. puis de 4. en 4. jusques à ce qu'il fut réduit à la capacité
de 31. par l'introduction de 109. ensuite de 3. en 3. jusques à
ce qu'il fut réduit à 22. de 2. en 2. jusques à ce qu'il fut réduit
à 10. mesures : & enfin mesure par mesure, jusques à ce qu'il fut
réduit à zero & que le barril fût entièrement plein par l'introduction de 140. mesures

On trouvera tout ce détail dans la Table suivante, dont la
première colomne contient les diverses capacités expérimentales de
41. de ces segments, depuis celui d'une mesure inclusivement,
jusques à celui de 140. mesures, aussi inclusivement.

On verra dans la seconde colomne, les hauteurs expérimentales
trouvées à chaque segment jusques à un quart de ligne seulement
de précision. Dans la troisiéme, on trouvera le résultat de la capacité que le calcul par les Tables attribuë à chaque hauteur de

H₁

ſegment, ſur l'hypothéſe des dimenſions de ce Barril, & de ſa
capacité totale. Et enfin on verra dans la quatriéme colomne, à
quoi auroit monté la capacité de chacun de ces ſegments, ſi l'on
avoit ſupoſé le Barril parfaitement cilindrique ; c'eſt-à-dire, ſi l'on
avoit ſupoſé que les diamétres des fonds fuſſent égaux à celui du
cercle à la bonde, comme l'ancienne méthode de Marſeille, ſupoſe tous les Tonneaux, par les Tables ſur leſquelles on y meſure les capacités des ſegments vuides.

On a calculé cette quatriéme colomne ſur celle de la Table de
la capacité des ſegments, intitulée, *Diamétres des fonds* 100. qui eſt
celle qui convient aux Tonneaux cilindriques. La troiſiéme colomne de cette Table d'expérience a été calculée ſur la ſupoſition d'u-
ne colomne moyenne entre celles de 70. & de 80. & l'on a commencé
par cette regle de trois, comme le grand diamétre 149. lignes eſt
au petit 118. ainſi 100. eſt à 79. 19. De ſorte que le calcul de tous ces ſegments a été fait ſur les régles établies dans ce
troiſiéme Probléme, pour le cas de la troiſiéme eſpéce, qui eſt
celui où les fractions ſe trouvent dans le quatriéme terme de la
proportion qui détermine la colomne à choiſir dans la Table, &
dans le quatriéme terme de celle qui détermine la hauteur de ſegment qu'il faut prendre dans la premiére colomne de cette Table.

Nous aurions pû calculer ſur la colomne intitulée *Diamétre des
fonds* 80. parce que 79. 19. aproche ſi fort de 80. que les erreurs
n'auroient pas été conſidérables : puiſque ſi l'on veut en faire l'é-
preuve, on trouvera que la plus grande erreur, qui ſeroit au 21.
ſegment de notre Table d'expérience, ne monteroit qu'à 31. centiémes de centiéme, ou à 31. dix milliémes de la contenance du
Barril ; c'eſt-à-dire, à moins de 7. pouces cubiques ; & cette erreur iroit toûjours en diminuant, à meſure que l'on calculeroit
pour des hauteurs de ſegments, qui aprocheroient plus des premiers & des derniers de notre Table d'expérience, où l'erreur de-
viendroit inſenſible.

Mais nous avons crû devoir ſuivre exactement les régles que
nous avons données, en calculant la troiſiéme & la quatriéme colomne de la Table d'expérience ; parce que nous avons dreſſé cette Table autant pour fournir une grande quantité d'exemples aux

Commençans qui voudront se former à l'usage de notre Table de la capacité des segments, que pour prouver expérimentalement la solidité de notre nouvelle méthode, démontrée par le principe du troisiéme Probléme. En effet par l'exactitude de ce calcul, nous fournissons à ceux qui voudront aprendre à calculer la valeur des segments, un moyen facile de s'exercer aux régles précédentes, & de s'assurer s'ils les ont suivies ou non, en voyant si le résultat de leurs calculs est conforme aux nombres marqués dans la troisiéme ou dans la quatriéme colomne de la Table d'expérience.

Puisque la plûpart des segments dont la valeur a été trouvée par le calcul pour la troisiéme colomne, sont des cas de la troisiéme espéce, & par conséquent des plus composés, il ne convient pas que les Commençans s'excercent d'abord sur ceux là ; mais ils doivent commencer par les segments de la Table de la seconde expérience, & parmi ceux-ci choisir d'abord ceux dont les hauteurs sont sans fractions ; ensuite ceux dont les hauteurs portent des fractions. Après quoi ils calculeront la quatriéme colomne de la première Table d'expérience, & enfin la troisiéme colomne de la même Table.

Pour rendre la Table de la seconde expérience propre à ceux qui commencent à s'exercer, nous avons divisé en 100. parties égales le grand diamétre, afin que les Commençants qui voudront opérer après nous sur les mêmes hauteurs de segment, n'ayent à ajoûter des parties proportionnelles que là où la hauteur du segment est accompagnée de quelque fraction. Ces fractions, dans cette expérience, ne vont pas au dessous d'un quart de centiéme du grand diamétre

Dans cette seconde expérience, comme dans la premiére, on n'a négligé aucune partie proportionnelle, en réduisant tout au calcul, selon la Table générale de la capacité des segments. On n'a pas même eû aucune fraction à négliger dans la proportion qui détermine la colomne qu'il faut choisir ; parce que les diamétres de ce dernier & plus petit Barril, se trouvant de 84. & de 42. lignes, sont en proportion de 100. à 50. C'est pourquoi les nombres qu'on doit prendre dans la Table générale, sont précisément dans la colomne intitulée, *Diamétre des fonds 50.*

On s'eſt ſervi dans la ſeconde expérience de la même petite meſure, qu'on avoit pris pour unité dans la premiére ; & comme
le Barril de la ſeconde expérience étoit beaucoup plus petit que
celui de la premiére, chaque meſure y a produit des différences
de hauteur plus ſenſibles. C'eſt pour cela qu'on a pris ces hauteurs, meſure après meſure, comme on le voit dans la Table
propre à cette expérience. Mais parce que la capicité totale de
ce petit Barril ſe trouvoit de 37. de ces meſures & 2. ſeptiémes,
on a d'abord commencé à y introduire 19. de ces meſures &
2. ſeptiémes ; afin que le ſegment vuide qui reſteroit fût exactement de 18. meſures. La hauteur de ce ſegment a été trouvée
de 49. parties ; comme on le voit dans la ſeconde colomne de
cette Table, avec toutes les autres hauteurs en deſcendant. La
troiſiéme colomne donne les meſures & centiémes de meſures trouvées par le calcul de la Table générale pour chaque hauteur de ſegment correſpondante ; & la quatriéme colomne donne les meſures & centiémes de meſures trouvées par l'ancienne méthode de
Marſeille, qui ſupoſe tous les Tonneaux cilindriques.

Table

Table des résultats de la première Expérience, faite sur un Barril contenant 2240. pouces, ayant pour grand diamétre à la bonde 149. lignes, & pour diamétres des fonds 118. lignes, mesure du Châtelet.

La première colomne marque à combien de mesures fut réduit le segment vuide, dans chaque opération.

La seconde, marque la hauteur trouvée aux segments vuides, en lignes, & quarts de ligne.

La troisiéme, contient la capacité de chaque segment vuide, sur la hauteur du segment selon la nouvelle méthode.

La quatriéme, contient la capacité qui en seroit trouvée, en mesurant à l'ancienne façon de Marseille

| Capacités expérimentales en mesures | Hauteurs des segments en lignes & quarts de lignes. | Capacités des Segments. | | | |
|---|---|---|---|---|---|
| | | Selon la nouvelle Méthode. | | Selon l'ancienne Méthode de Marseille. | |
| | | mesures. | centiémes. | mesures. | centiémes. |
| 140 | 74. 2 | 140. | 00 | 140. | 00 |
| 135 | 72. 3 | 135. | 35 | 135. | 80 |
| 130 | 70. 3 | 130. | 06 | 131. | 01 |
| 125 | 68. 3 | 114. | 80 | 116. | 15 |
| 120 | 67. 0 | 120. | 15 | 121. | 05 |
| 115 | 65. 0 | 114. | 91 | 117. | 32 |
| 110 | 63. 1 | 110. | 35 | 113. | 17 |
| 105 | 61. 1 | 105. | 17 | 108. | 44 |
| 100 | 59. 1 | 100. | 01 | 103. | 77 |
| 95 | 57. 1 | 94. | 83 | 99. | 03 |
| 90 | 55. 1 | 89. | 77 | 94. | 44 |
| 85 | 53. 2 | 85. | 17 | 90. | 41 |
| 80 | 51. 1 | 80. | 33 | 85. | 82 |
| 75 | 49. 1 | 74. | 79 | 80. | 72 |
| 70 | 47. 1 | 69. | 91 | 76. | 17 |
| 65 | 45. 1 | 65. | 13 | 71. | 85 |
| 60 | 43. 0 | 59. | 83 | 66. | 95 |
| 55 | 41. 0 | 55. | 19 | 62. | 63 |
| 51 | 39. 1 | 51. | 21 | 58. | 91 |
| 47 | 37. 1 | 46. | 79 | 54. | 74 |
| 43 | 35. 2 | 41. | 98 | 51. | 13 |
| 39 | 33. 2 | 38. | 78 | 47. | 09 |
| 35 | 31. 3 | 35. | 11 | 43. | 62 |
| 31 | 29. 3 | 31. | 16 | 39. | 79 |
| 28 | 18. 1 | 28. | 22 | 36. | 90 |
| 25 | 16. 2 | 24. | 92 | 33. | 65 |
| 22 | 15. 0 | 22. | 23 | 30. | 97 |
| 20 | 23. 3 | 10. | 07 | 28. | 73 |
| 18 | 22. 2 | 17. | 97 | 26. | 57 |
| 16 | 21. 1 | 15. | 93 | 24. | 47 |

I

| | | | |
|---|---|---|---|
| 14 | 20. 0 | 14. 03 | 22. 40 |
| 12 | 18. 3 | 12. 15 | 20. 38 |
| 10 | 17. 1 | 10. 10 | 18. 06 |
| 8 | 15. 3 | 8. 17 | 15. 82 |
| 7 | 14. 3 | 7. 20 | 14. 33 |
| 6 | 13. 3 | 5. 93 | 12. 93 |
| 5 | 12. 3 | 5. 01 | 11. 59 |
| 4 | 11. 3 | 4. 06 | 10. 17 |
| 3 | 10. 2 | 3. 08 | 8. 68 |
| 2 | 9. 0 | 2. 10 | 6. 91 |
| 1 | 6. 2 | 0. 95 | 4. 25 |

Suite de la Table des résultats.

| Capacités expérimentales en mesures. | Hauteurs des segments en centiémes du diamétre & quarts de centiémes. | Capacités des Segments | | | |
|---|---|---|---|---|---|
| | | Selon la nouvelle méthode. | | Selon l'ancienne Méthode de Marseille. | |
| | | Mesures | centiémes | Mesures | centiémes |
| 18 | 49. 0 | 18. 05 | | 18. 17 | |
| 17 | 47. 1 | 17. 02 | | 16. 96 | |
| 16 | 45. 2 | 15. 99 | | 16. 51 | |
| 15 | 43. 3 | 14. 97 | | 15. 68 | |
| 14 | 42. 0 | 13. 95 | | 14. 86 | |
| 13 | 40. 1 | 12. 95 | | 14. 04 | |
| 12 | 38. 2 | 11. 96 | | 13. 23 | |
| 11 | 36. 3 | 10. 97 | | 12. 43 | |
| 10 | 35. 0 | 10. 02 | | 11. 63 | |
| 9 | 33. 0 | 8. 94 | | 10. 73 | |
| 8 | 31. 1 | 8. 03 | | 9. 95 | |
| 7 | 29. 1 | 7. 03 | | 9. 08 | |
| 6 | 27. 1 | 6. 06 | | 8. 23 | |
| 5 | 25. 0 | 5. 04 | | 7. 19 | |
| 4 | 22. 2 | 4. 00 | | 6. 18 | |
| 3 | 19. 3 | 2. 99 | | 5. 21 | |
| 2 | 16. 2 | 1. 99 | | 4. 03 | |
| 1 | 12. 1 | 0. 99 | | 2. 61 | |

TAble de la seconde Expérience, faite sur un petit Barril, dont le grand diamétre étoit de 84. lignes, & le petit de 42. & dõt la capacité totale étoit de 37. petites mesures & 2. septiémes. Le grand diamétre ayant été divisé en 100. parties égales, dont chacune par conséquent étoit de 21 vingt-cinquiémes de ligne de Roy; on y a pris pour la plus petite mesure des hauteurs de segment, le quart de l'une de ces parties; c'est-à-dire 21. centiémes de ligne. On n'a pas cependant divisé la baguette jusques à cette précision; mais on a seulement jugé par estime du quart à peu près de chacun de ces centiémes.

# MANIERE

*De vérifier les calculs du quatriéme Probléme , par la Table de la hauteur des Segments.*

IL faut , 1°. sçavoir la mesure des deux diamétres du Tonneau en parties égales ; 2°. reduire le grand diamétre à 100. & en conclure le raport qu'ils ont entr'eux , disant , comme le grand diamétre est au petit , ainsi 100. est à un quatriéme nombre , qui déterminera la colomne que l'on doit choisir parmi les 6. colomnes de la Table des hauteurs des segments. 3°. le nombre des mesures du segment étant ici donné avec la capacité totale , on dira : comme la capacité totale du Tonneau est au nombre de mesures donné ; ainsi 100. est à un quatriéme qui sera le nombre de mesures reduit à celles de la premiére colomne de la Table des hauteurs. 4°. Cette réduction étant faite , on trouvera la hauteur du segment dans la colomne déterminée par le second article , & à côté du nombre de mesures trouvé par le troisiéme article. 5°. Si l'on veut réduire cette hauteur aux parties égales avec lesquelles on aura mesuré les deux diamétres , on dira : comme 100. est à la hauteur du segment trouvée en centiémes du grand diamétre ; ainsi le nombre des parties égales qui ont mesuré le grand diamétre , est à un quatriéme nombre , qui sera celui des mêmes parties égales qui composent la hauteur du segment requise. Les exemples éclairciront ces Régles.

## EXEMPLE I.

Suposons qu'on veuille vérifier , si l'on a bien trouvé la hauteur du segment de deux centiémes & demi pour 4. mesures, dans l'expérience faite sur le petit Baril, dont la contenance totale est

de 37. mesures & 2. septiémes, & dont le grand diamétre est
de 84. lignes, & le petit de 42.

1°. Je trouve le raport de ces deux diamétres comme 100. à 50.
Je commence donc par choisir dans la Table de la hauteur des
segments, la colomne intitulée, *Tonneau* de 100. à 50. pour y trouver la hauteur du segment requise.

2°. Je réduis les 4. mesures données à la premiére colomne de
la Table des hauteurs, disant : comme 37. & 2. septiémes , capacité totale du Barril est à 4. qui est le nombre des mesures données, dont je cherche la hauteur de segment ; ainsi 100. est à un
quatriéme nombre, qui sera 10. mesures & 73. centiémes, ou 10.
73. ce qui m'aprend que la hauteur cherchée, se trouve dans la
colomne de 100. à 50. entre les lignes qui répondent à 10. &
à 11. mesures de la premiére colomne de cette Table.

3°. Comme à ces deux nombres de mesures, répondent les hauteurs de segments 21. 90. & 22. 86. je prends leur différence qui
est. 96. & je la multiplie par la fraction décimale trouvée. .73. le
produit est .70. (négligeant les milliémes & dix milliémes ) j'a-
joûte ce produit à la moindre des deux hauteurs trouvées, c'est-à-
dire, à 21. 90. la somme sera 22. 60. Ce qui s'accorde de bien
près avec l'expérience, qui a donné pour hauteur de 4. mesures,
22. & deux quarts, ou 22. 50. la différence n'étant que de la dixiéme partie d'un centiéme du grand diamétre.

4°. Quoique dans cette expérience, on ait divisé le grand diamétre qui étoit de 84. lignes, en 100. parties égales ; si cependant on veut sçavoir en lignes la hauteur de ce segment, on dira:
comme 100. à 84. ainsi 22. 60. est à un quatriéme terme qui sera 19. lignes moins 16. milliémes, ou moins 2. cent vingt-cinquiémes d'une ligne.

On voit que cette méthode est présque la même que celle du
quatriéme Probléme.

## EXEMPLE II.

On veut voir de combien on s'est écarté dans la même expérience, de la hauteur réelle du segment, quand on a trouvé que
pour

pour la valeur de 14. mesures, la hauteur du segment étoit sensi-blement de 42. centièmes du grand diamétre du petit Barril.

1°. La proportion des deux diamétres a été trouvée comme 100. à 50. on a donc toûjours recours à la même colomne de 100. à 50.

2°. On réduit les 14. mesures données, à celles de la Table des hauteurs, en disant : comme 37. & 2. septièmes, capacité totale, est à 14. ainsi 100. à 37. & 55. centièmes, ou 37. 55. par où je vois que la hauteur du segment doit être entre les deux qui ré-pondent dans la colomne de 100. à 50. à 37. & 38. mesures. Or ces deux hauteurs font 41. 72. & 42. 37. dont la différen-ce est .65. que je multiplie par la fraction décimale .55. Le pro-duit est .36. ( négligeant les dix milliémes ) j'ajoûte ce produit à la moindre des hauteurs qui est 41. 72. & la somme 42. 08. est la hauteur du segment capable de 14. mesures de celles dont il s'a-gissoit dans l'expérience. Par où l'on voit, que la hauteur sen-sible de ce segment, ayant été trouvée de 42. centièmes du grand diamétre, n'étoit trop petite que de deux vingt cinquiémes de cen-tiéme du grand diamétre. Ce qui est cause, que le calcul pour trouver sa capacité, n'a donné que 13. mesures & 95. centièmes de mesure, au lieu de 14. qu'il auroit dû donner.

3°. Si l'on veut réduire cette hauteur en lignes, on dira : com-me 100. est à 84. qui est le grand diamétre en lignes de Roi ; ainsi 42. 08. hauteur de segment trouvée, est à 35. lignes & 3472. dix milliémes de ligne, qui peuvent être prises pour 7. vingtiémes de lignes, ou environ 1. tiers de ligne

### EXEMPLE III.

On veut vérifier pour la Table de la première Expérience faite sur le Barril de 280. mesures, si la hauteur du segment qui y est donnée de 59. lignes & quart pour 100. mesures, convient réel-lement à un segment de ce Barril, capable de 100. mesures, de celles dont on s'est servi dans cette expérience.

1°. Le raport des diamétres de ce Barril de 149. & 118. lignes, a été trouvé dans le Problème quatriéme de 100. à 79. & 19. cen-

K

tiémes. Ce qui nous fait voir que l'on doit trouver dans la Table des hauteurs, celle dont il s'agit , entre les colomnes intitulées, *Tonneaux de* 100. à 70. & *Tonneaux de* 100. à 80. mais beaucoup plus proche de cette derniére, que de l'autre. Et pour avoir dequoi trouver en son tems la partie proportionnelle, qui conviendra à cet excès, dont 79. 19. surpasse 70. suivant la régle marquée dans le problême quatriéme, on gardera 919. milliémes

2°. Pour réduire les 100. mesures données, à celles de la Table des hauteurs, on fera : comme 280. mesures ( capacité totale du Barril ) sont à 100. mesures ( supposées dans cet exemple ) ainsi 100. qui est la capacité totale supposée dans la Table, à 35. & 71. centiémes. Ce quatriéme terme me fait voir que je dois trouver la hauteur requise du segment , entre celles qui répondent à 35. & à 36. mesures.

3°. Comme c'est sur les colomnes de 100. à 70. & de 100. à 80 que je dois prendre les hauteurs des segments correspondantes à 35. & 36. mesures , je commence par prendre ces hauteurs dans la colomne de 100. à 80. je les trouve de 39. 21. & 39. 94. dont la différence est .73. laquelle je multiplie par les 71. centiémes trouvés dans l'article précédent. Le produit est .52. que j'ajoute à la plus petite hauteur 39. 21. & la somme 39. 73. est la hauteur que le segment auroit , s'il étoit dans la colomne de 100. à 80.

Je prends de même dans la colomne de 100. à 70. les deux hauteurs correspondantes à 35. & 36. mesures, qui sont 39. 70. & 40. 39 dont la différence est .69. que je multiplie par les mêmes .71. centiémes. Le produit est .49. ( négligeant toûjours les milliémes & dix-milliémes. ) je l'ajoûte à la moindre hauteur 39. 70. & la somme 40. 19. est la hauteur que le segment auroit , s'il étoit dans la colomne de 100. à 70.

4°. Mais parce que la hauteur requise doit être entre les hauteurs trouvées, sçavoir entre 39. 73. trouvé dans la colomne de 100. à 80. & 40. 19. trouvé dans celle de 100. à 70. il faut prendre la différence entre ces deux hauteurs. Cette différence est .46. que je multiplie par les .919. milliémes trouvées dans le premier article. Le produit .42. est la partie proportionnelle qu'il faut ôter du plus grand nombre trouvé 40. 19. le reste 39. 77. sera la hauteur de segment en centiémes du grand diamétre , correspondante à 100. mefures. Je dis qu'il faut ôter cette partie proportionnelle du plus grand nombre, au lieu que dans le Probléme quatriéme, il faloit l'ajoûter au plus petit ; parce que dans la Table de la hauteur des fegments, les hauteurs correfpondantes au même nombre de mefures, vont toûjours en augmentant de la gauche à la droite ; au lieu que dans la Table de la capacité des fegments , les capacités correfpondantes à la même hauteur , vont toûjours en diminuant de la gauche à la droite ; & que cependant dans l'une & l'autre de ces deux Tables , la partie proportionnelle entre deux colomnes est toûjours cenfée aller de la colomne à main droite à la colomne qui est à main gauche. Ainfi on doit ajoûter au moindre terme la partie proportionnelle, quand il s'agit de la Table des capacités des fegments, & il faut l'ôter du grand nombre , quand il s'agit de la Table des hauteurs de fegments.

5°. Le grand diamétre de ce Barril d'expérience, étant de 149. lignes , on aura cette hauteur de fegment en lignes, fi l'on fait : comme 100. à 149. ainfi 39. 77. a un quatriéme nombre, qui fera 59. 26. & qui ne differe que d'un centiéme de centiéme de la hauteur trouvée par l'expérience : cette hauteur étant 59. & 1. quart ou 59. 25.

# MÉTHODE

*Pour découvrir la capacité totale des Tonneaux , en ne se fervant que d'une régle divifée en parties égales.*

COmme on ne peut pas mefurer par les Tables ni par le quartier de réduction les fegments des Tonneaux fans en connoître la capacité totale ; j'ai crû qu'il manqueroit quelque chofe à ce petit Traité , fi je ne fourniffois pas aux Jaugeurs une méthode pour déterminer la capacité totale des Tonneaux en ne fe fervant que d'une régle divifée en parties égales.

Il faut pour cela que chaque divifion foit égale au diamétre ou
à la hauteur d'un cylindre équilateral, & que ce cylindre con-
tienne précifément la mefure du Pays. J'apelle cylindre *équilateral*,
celui dont la hauteur eft égale au diamétre.

Pour trouver cette hauteur ou ce diamétre, il faut multiplier
par 1. & 1. douziéme, ou plus exactement en nombres décimaux,
par 1. 08385. le côté du cube qui contient la mefure du Pays.
Car fi l'on nomme D. le diamétre de ce cylindre, on trouvera
l'aire de fa bafe, en difant : 14. eft à 11. ou plus exactement 1.
eft à .785398. comme le quarré DD. du diamétre de ce cylindre eft
à l'aire du cercle de fa bafe ; qui fera par conféquent .785398.
DD, & multipliant cette bafe par fa hauteur D. on aura l'ex-
preffion de la mefure cylindrique équilaterale .785398 DDD. égale
à 1. donc le diamétre D. ou la hauteur de ce cylindre eft égal à
la racine cubique du quotient de 1. par la fraction décimale .785398.
& cette racine cubique eft 1. 08385.

Ainfi le pan de Marfeille étant le côté d'un cube qui contient
un efcandal, l'efcandal cilindrique & équilateral aura 1. pan
& 1. douziéme de hauteur & de diamétre à une très-petite fraction
prés. La pinte de Paris contenant 48. pouces cubiques, & la
racine cubique de ce nombre étant 3. 635. on trouvera, en multipliant cette racine par 1. 08385. qu'un cilindre concave ayant 3.
pouces 11. lignes & 1. tiers de diamétre & autant de profondeur,
contient une pinte mefure de Paris ; & que par confequent un cilindre dont les mefures font doubles, c'eft-à-dire, de fept pouces 10.
lignes & 2. tiers, contient un feptier ou huit pintes.

On trouvera de même, que fi l'on divife en dix parties égales une longueur de 3. pieds 3. pouces & 6. lignes ; chacune de
ces parties fera le diamétre & la hauteur d'un cilindre contenant
une pinte.

Ayant ainfi trouvé ce diamétre, on le portera autant de fois
qu'il fe pourra fur une régle, & l'on y marquera des points, où
l'on écrira 1. 2. 3. 4. 5. &c. enfuite on foû-divifera chacune de ces
parties égales en dixiémes ou en centiémes, & l'on fe fervira de
cette régle pour mefurer la longueur & les diamétres du Tonneau
en cette maniére.

Apliquez.

Apliquez cette régle ſur la longueur extérieure du Tonneau, & ôtez de cette longueur la profondeur des Jables de chaque fonds, & l'épaiſſeur des douves qui compoſent les deux fonds, pour avoir exactement ſa longueur intérieure.

Apliquez enſuite la même régle ſur les diamétres des fonds du Tonneau & remarquez le nombre qui leur convient.

Faites enfin entrer cette régle à plomb par le trou du bondon, pour avoir le plus grand diamétre intérieur du cercle à la bonde.

Prenez le quarré de chacun de ces diamétres ; ce qui ſe fait en multipliant chacun des nombres trouvés par lui même. Enſuite ayant doublé le quarré du plus grand diamétre, vous l'ajoûterez aux deux autres quarrés & vous multiplierez la moitié de la ſomme par la moitié de la longueur. Le produit vous donnera le nombre des meſures que le Tonneau contient.

## EXEMPLE.

Le diamétre de l'un des fonds eſt de 5. parties & 79. centiémes, celui de l'autre fonds eſt de 5. & 81. centiémes. Le diamétre du milieu 6. & 2. dixiémes, & la longueur intérieure de 8. parties : on demande la capacité totale du Tonneau.

Le quarré de 6. 2. eſt - - - - - - - - - - - 38. 44.

Le double de ce quarré eſt - - - - - - - - - 76. 88.
Le quarré de 5. 79. eſt - - - - - - - - - - 33. 5241.
Celui de 5. 81. - - - - - - - - - - - - 33. 7561.

La ſomme de ces quarrés eſt - - - - - - - 144. 1602.
La demi-ſomme eſt - - - - - - - - - - 72. 0801
Je multiplie cette demi ſomme par la demi - longueur - - 4.

Le produit vous donnera la capacité totale - - 288. 3204

Ainſi ſupoſé que chaque partie de la régle ſoit de 3. pouces 11. lignes & 1. tiers, ce Tonneau contiendra 288. pintes & 32. centiémes, en négligeant les 4. dix milliémes qui reſtent.

L

# REMARQUE.

Cette méthode est différente de celle que l'on trouve dans le Traité de la construction & des usages des instrumens de Mathématique par le Sr. Bion, p. 54. troisiéme édition.

L'Auteur ayant preserit la même division de la Jauge, réduit le Tonneau à un cilindre dont le diamétre est moyen arithmétique entre le diamétre du cercle à la bonde & le diamétre égalé des fonds ; au lieu de le réduire à un double conoïde parabolique. C'est pour cela que dans l'exemple précédent, il ne trouve que 288. pintes & qu'il avouë que lorsque *la différence* entre les cercles des fonds & celui du *milieu est considerable , comme elle est aux pipes d'Anjou, dont le diamétre du milieu est beaucoup plus grand que celui des fonds , la mesure faite par cette méthode est un peu plus petite que la véritable.* Ensuite il ajoûte , je ne sçai sur quel principe ; *pour en aprocher* ( de la véritable mesure ) *& la rendre plus juste, divisez en sept la différence qui fait l'excés du diamétre du milieu , & ajoûtez en 4. au diamétre égalé des fonds , comme , si par exemple le diamétre des fonds étoit de 50. petites parties , & celui du milieu de 57. des mêmes parties , vous en prendrez 54. pour le diamétre égalé du Vaisseau , & ferez le reste, comme il a été dit cy-devant.* C'est-à-dire que ce Tonneau ayant 1. de longueur contiendroit 29. 16. pintes, au lieu que par la méthode qu'il avoit donnée auparavant, on n'auroit trouvé que 28. 6225. & par celle que j'ai donnée 28. 74.

Si l'on supposoit que ce Tonneau fut elliptique , il faudroit ajoûter ensemble les deux tiers du quarré du grand diamétre & le tiers du quarré du diamétre des fonds , ce qui donneroit 29. 99 pintes. Mais je ne crois pas que les pipes d'Anjou aprochent de la figure elliptique & je crois que la courbure des Tonneaux aproche beaucoup plus de la Parabole que de toute autre figure.

Cependant tous les Tonneaux dont les figures font intermediaires entre la Parabole & l'ellipse, pourroient se réduire à trois espéces différentes , comme Mr. de Gamaches les a réduites dans son excellent Traité du Jaugeage. Dans chacune de ces trois espéces, on prendroit separément la vingt-quatriéme partie du quarré de chaque diamétre & l'on multiplieroit pour la premiére espéce le plus grand nombre par 13 & le plus petit par 11. Pour la seconde on multiplieroit le plus grand nombre par 14. & le plus petit par 10. & pour la troisiéme espéce, on multiplieroit le plus grand nombre par 15. & le plus petit par 9. la somme de ces deux produits étant multipliée par la longueur du Tonneau, en donneroit dans chaque espéce la capacité. Ainsi dans l'exemple proposé, le quarré du grand diamétre 5. 7. est 32. 49. & celui du petit diamétre 5. 0. est 25. 00. La vingt-quatriéme partie du premier quarré est 1.3537. celle du second quarré est 1.0417. si le Tonneau est de la premiére espéce de courbure plus grande que la parabolique, je multiplie le plus grand nombre 1.3537. par 13. & le plus petit 1.0417. par 11. Le premier produit est 17. 5994. que j'ajoute au second produit - - - - - - - - 11. 4587.

La somme des deux est la capacité 29. 0581.

Si le Tonneau est de la seconde espéce, je multiplie le plus grand nombre par 14. & le plus petit par 10.
Le premier produit est - - - - - - - - - 13. 9532.
Le second produit est - - - - - - - - - 10. 4170.

La somme des deux est la capacité du Tonneau - 29. 3702.
Enfin si le Tonneau est de la troisiéme espéce, ce qui est presque impossible; je multiplie le plus grand nombre par 15. & le plus petit par 9.
Le premier produit est - - - - - - - - - 20. 3070.
Le second produit est - - - - - - - - - 9. 3753.

La somme des deux ou la capacité totale, est - - 29. 6823.
S'il reste quelque difficulté sur les méthodes que j'ai données pour le Jaugeage des Tonneaux & de leurs segments, elles ne peuvent consister qu'en ce que j'y ai employé le calcul des nombres décimaux dont les Jaugeurs n'ont pas ordinairement une idée assez exacte. C'est pour ôter cette difficulté que je vais donner les régles de ce calcul, & les mettre à la portée de ceux qui ne sçavent que les quatre premiéres régles les plus simples de l'Arithmé-

que. On verra en même tems quelle est l'exactitude & la facilité de ce calcul qui n'est pas assez connu. Je me bornerai presque à traduire littéralement ce qu'en a dit le grand Neuton dans son Arithmétique universelle.

## Définition *des nombres décimaux.*

Tout le monde connoit les expressions des nombres 0. 1. 2. 3. 4. 5. 6. 7. 8. 9 & leurs valeurs selon la place qu'ils occupent. Or comme les nombres placés à main gauche dans la première place immediatement avant celle des unités, marquent les dixaines, dans la seconde place les centaines, dans la troisiéme, les milles, &c. ainsi les nombres placés à main droite dans la première place après celle des unités, marquent les dixièmes parties de l'unité, dans la seconde place les centiémes, dans la troisiéme les milliémes, &c. & ces nombres se nomment *fractions décimales*, ou, *nombres décimaux*, parce qu'ils décroissent continuellement en raison de 10. à 1. car les centiémes valent dix fois moins que les dixièmes ; les milliémes dix fois moins que les centiémes, & ainsi des autres. On distingue les nombres qui expriment les entiers, de ceux qui expriment la fraction décimale, par un point, ou par une virgule, ou par une ligne. Ainsi le nombre 732. 569. marque sept cens trente-deux unités avec cinq dixièmes, six centiémes, & neuf milliémes de l'unité ; & ce nombre s'écrit aussi en cette manière, 732, 569. ou bien 732' 569. ou 732 | 569.

De même le nombre 57104. 2083. marque cinquante sept mille cent & quatre unités, avec deux dixièmes, huit milliémes & trois dix-milliémes parties de l'unité. Et le nombre 0. 064. marque six centiémes & quatre milliémes de l'unité.

## De l'*Addition des nombres décimaux.*

L'Addition des nombres accompagnés de fractions décimales, se fait de la même manière que celle des nombres ordinaires, en plaçant les dixièmes sous les dixièmes ; les centiémes sous les
centiémes,

centiémes , les milliémes fous les milliémes , &c. comme on peu:
voir dans l'exemple cy-joint.

$$630.\ 953$$
$$51.\ 0807$$
$$305.\ 37$$
$$\overline{\phantom{00}}$$
$$987.\ 4037$$

## De la Souſtraction des nombres décimaux.

La Souſtraction des nombres décimaux eſt auſſi la même que
celle des nombres ordinaires , & il faut bien prendre garde , que
les figures du nombre que l'on veut ôter, ſoient au - deſſous des
figures homogénes ou de même eſpéce ; c'eſt-à-dire , les unités
ſous les unités, les dixaines fous les dixaines , les dixiémes fous
les dixiémes, &c.

Ainſi pour ôter la fraction decimale o. 63. du nombre entier
547 , il ne faut pas placer ces figures en cette manière 547.
                             547.                                    0.63.
mais en celle - ci      o. 63. enforte que le zero qui tient la pla-
ce des unités dans la fraction decimale , ſoit fous les unités du
plus grand nombre 547. Enſuite en fousentendant des o. dans les
places vuides du premier nombre ; je dis, 3. de o. ne peut pas s'ô-
ter ; j'emprunte 1. de la figure précédente , qui vaut 10. & ôtant
3. de 10. il reſte 7. que j'écris dans les centiémes au-               547.
deſſous de 3. Enſuite 1. que j'ai emprunté & 6. font               o. 63.
                                                                   ̄ ̄ ̄ ̄ ̄
7. qu'il faut ôter de o. ce qui étant impoſſible , j'em-        546. .37.
prunte 1. de la figure précédente , pour avoir 10. & j'ôte 7. de 10.
il reſte 3. que j'écris audeſſous. Enſuite 1. que j'ai emprunté , étant
ajoûté à o. fait 1. & ôtant 1. de 7. il reſte 6. que j'écris au deſ-
fous.

Enfin j'écris encore les deux figures reſtantes 54. parce qu'il n'y a
rien à ôter , & le reſte eſt 546. 37.

M

*On peut s'exercer dans les Exemples suivants.*

| | | | | | | | |
|---|---|---|---|---|---|---|---|
| 35. | 72. | 46. | 5003. | 308. | 7. | 1. | 066666. |
| 14. | 32. | 3. | 078. | 25. | 74. | 0. | 045833. |

| | | | | | | | |
|---|---|---|---|---|---|---|---|
| 21. | 4. | 43. | 4223. | 282. | 96. | 1. | 020833; |

## De la Multiplication des nombres décimaux.

La multiplication des nombres décimaux par les entiers ou par d'autres décimaux, se fait de la même maniére que celle des nombres entiers ordinaires. Il n'est pas même nécessaire de mettre les figures homogénes ou de même espéce les unes sous les autres, & l'on peut regarder tant les entiers que les figures décimales comme nombres entiers, & mettre le multiplicateur & le multiplié l'un sous l'autre, comme si la derniére figure à droite exprimoit les unités. Il faudra seulement faire attention dans le produit total, de couper par le point ou par la virgule autant de figures en parties décimales à main droite, qu'il y avoit de figures décimales dans le multiplicateur & le multiplié pris ensemble. Et s'il arrive que le produit ne porte pas assez de figures pour faire cette séparation décimale, alors il faut y ajoûter à main gauche autant de zero qu'il en sera nécessaire, pour placer le point ou la virgule, laissant à droite le nombre requis de figures, suivant la régle générale qu'on vient de donner. Les quatre exemples suivants feront mieux comprendre la régle.

| Multiplier | 72. 4 | ou | 50.19 | ou | 3. 9025 | ou | 362. 4 21 |
|---|---|---|---|---|---|---|---|
| par | 29. | par | 2.75 | par | 0.0132 | par | 1 2. 01 |
| | 6516 | | 25095 | | 78050 | | 362 4 21 |
| | 1448 | | 35133 | | 117075 | | 7248 42 |
| | | | 10038 | | 39025 | | 36242 1 |
| Le produit a 1 fi. déc. | 2099.6 | | 137.9950 | | 0.05151300 | | 4352 676 21 |
| | | | a 4 fi. décim. | | a 8 fi. décim. | | a 5. fg. déc m. |

## De la Division des nombres décimaux.

On obferve la régle ordinaire, excepté qu'on ajoûte au dividende autant de zero qu'il eft néceffaire, pour faire la division fans refte, s'il eft poffible; ou pour la pouffer auffi loin que l'on veut: ce qui ne change rien à la valeur du dividende.

La division, non plus que la multiplication, n'oblige point à faire attention aux figures homogénes ou de même efpéce, & l'on y peut regarder, tant dans le dividende que dans le divifeur, les entiers, & les figures décimales comme exprimant des entiers & & opérer fur toutes ces figures, comme fi elles n'exprimoient que des nombres entiers; en obfervant feulement, qu'il faut couper autant de figures dans le quotient, pour avoir les fractions décimales, qu'il en refte lorfqu'on a fouftrait le nombre de celles du divifeur par le nombre de celles du dividende augmenté d'autant de zero qu'on l'a jugé à propos en faifant la division.

Par exemple, fi je divife 3. 5218. par 46. 1. je puis augmenter le dividende de deux zero, & le quotient fera 0. 07639. en coupant 5. figures, parce qu'il y a fix décimales dans le dividende 3. 521800. & une dans le divifeur 46. 1. De même le quotient de 2099. 6. par 72. 4. eft 29. fans aucune fraction décimale, parce qu'il y a autant de décimales dans le dividende, que dans le divifeur.

Le quotient de 137. 995. par 50. 18. eft 2. 75. parce qu'en joignant un zero au dividende, pour avoir la division fans refte, on a 4. fractions décimales au dividende & 2. au divifeur, ce qui en donne 2. au quotient.

Par la même raifon, le quotient de 0. 051513. par 0. 0132. eft 3. 9025. en joignant deux zero au dividende, pour avoir la division exacte.

Lorfqu'on ne peut pas avoir la division fans refte, on la pouffe auffi loin que l'on veut, en joignant plufieurs zero. Ainfi en divifant 4798. par 23. le quotient eft 208. & il refte 14. Si je joins 4. zero au dividende, le quotient fera 208. 6087. ce qui me donnant des dix-millièmes, je puis m'arrêter à cette dernière fraction, sans craindre aucune erreur sensible.

On dira peut être contre cette règle générale, qu'elle ne peut pas renfermer le cas ou le nombre des figures de la fraction décimale du diviseur surpasseroit celui des figures de la fraction décimale du dividende.

Je réponds que ce cas ne peut pas arriver dans la pratique : parce que quand même le dividende n'auroit point de fractions décimales ; si le diviseur en a une ou plusieurs, il faudra nécessairement joindre à droite du dividende, autant de zero, que la décimale du diviseur a de figures, & même si l'on n'en ajoûte pas d'avantage, le quotient ne sera que d'entiers, sans fraction décimale.

Par exemple, soit à diviser 549876. par 2. 2358. il est certain que si l'on n'ajoûte rien au dividende, la division sera finie dès la seconde opération, & on n'aura pour quotient que 24. il restera donc 13284. à diviser par 2. 2358. Cependant le quotient de cette division, doit avoir en entiers 6. figures, sçavoir 245941. & pour les avoir, il faut nécessairement ajoûter au dividende 4. zero. De plus si l'on veut avoir le quotient du reste 11122. en dixièmes, centièmes & millièmes de l'unité, il faudra y joindre encore trois zero & l'on aura .497. pour fraction décimale. Par ce moyen le dividende ayant 7. figures décimales & le diviseur n'en ayant que 4. le surplus qui est de trois figures, en donne 3. au quotient.

### De l'extraction des racines quarrées des nombres décimaux.

Pour extraire la racine quarrée des nombres décimaux, on se sert de la méthode ordinaire, comme si c'étoient des nombres entiers ; en observant seulement, 1°. que comme on partage les nombres entiers de deux en deux figures par des points ou par des lignes en commençant par l'unité, il faut par la même raison commencer toûjours ce partage dans les nombres décimaux, par le point, ou par la virgule qui sépare les nombres entiers des

fractions

fractions décimales. 2°. Comme chaque tranche ou féparation dans les nombres entiers, me donne une figure dans la racine, de même chaque tranche dans les fractions décimales me donne une fraction décimale dans la racine, & lorfque le nombre des figures en fractions décimales n'eft pas aflez grand pour avoir la racine quarrée aulli exacte qu'on le fouhaite, on y joint autant de fois deux zero qu'on veut avoir de fractions décimales.

Par exemple, pour extraire la racine quarrée de 329. 76. je partage ce nombre en cette maniére, 3 ( 29. ( 76. en commençant par le point qui fépare les fractions des nombres entiers & fi je veux avoir la racine quarrée jufques aux milliémes, je joins encore 4. zero aux deux fractions décimales .76. ce qui me donne la racine quarrée 18. 159.

De même pour extraire la racine quarrée de 3. 2976. je partage ce nombre en cette maniére 3. [ 29 [ 76 & la racine quarrée eft 1. 8159. On voit que les figures de ce nombre & de fa racine, font les mêmes que dans le premier exemple, mais que leur valeur eft bien différente. Par la même raifon, fi je veux extraire la racine de 0. 032976. je partage ce nombre en cette maniére, 0. [ 03 [ 29 [ 76. en commençant toûjours par le point qui fépare les entiers des fractions & la racine quarrée eft 0. 18159. en joignant 4. zero au nombre propofé.

Pour extraire la racine de 3297. 6. je partage ce nombre fuivant la même régle en cette maniére 32 [ 97. [ 6. & quoique les figures de ce nombre foient les mêmes que celles des trois exemples précédents, la racine quarrée en eft bien différente ; car on trouve en joignant 7. zero 57. 4247.

De même la racine de 32. 976. eft 5. 74247. celle de 9. 9856. eft 3. 16. celle de 0. 99856. eft 0. 999279. &c.

## De l'Extraction des Racines Cubiques.

Les régles ordinaires font trop compofées pour ceux qui ne fçavent que les 4. premiéres régles de l'Arithmétique ; celle que l'on va donner eft très-aifée à comprendre, & quoiqu'un peu plus longue, elle vaut beaucoup mieux ; parce qu'il ne faut pas embarraffer les

N

Commençans dans des calculs qui viennent rarement en usage.

Il faut donc, 1°. avoir devant les yeux, ou dans la mémoire les cubes des neuf premiers nombres 1, 2, 3, 4, 5, &c. qui sont 1, 8, 27, 64, 125, 216, 343, 512, 729. & partager le nombre proposé de 3. en 3. figures, en commençant par les unités de la droite à la gauche, comme pour la racine quarrée.

2°. Il faut écrire dans le quotient la racine du plus grand cube contenu dans la première tranche à gauche, & ayant ôté ce cube de la Première tranche, on trouvera la figure suivante du quotient, en divisant le reste augmenté de la première figure de la seconde tranche, par le triple quarré du quotient trouvé, sans s'embarrasser du restant de la division.

3°. On cubera les deux figures trouvées, & ayant ôté ce cube des deux premières tranches entières, on continuëra de même la division, s'il reste quelque chose, en joignant ce reste à la première figure de la troisième tranche & le divisant par le triple quarré des deux figures trouvées, comme on vient de le faire pour avoir la seconde figure, & par ce moyen on aura la troisième figure.

4°. On cubera de même les 3. figures trouvées, en suivant toûjours la même régle, jusques à ce qu'on ait autant de figures au quotient ou à la racine, qu'on a de tranches dans le nombre cubique proposé. & si avant que d'avoir trouvé ce nombre de figures, l'extraction se trouvoit achevée, en sorte qu'il ne restât rien du cube proposé que des zero, on mettra autant de zero au bout de la racine trouvée, qu'il y manque de figures, pour en avoir autant qu'il y a de tranches dans le cube donné.

5°. S'il reste quelque chose après ce nombre de figures trouvées, on verra bien-tôt l'usage qu'on en doit faire pour l'aproximation.

Par exemple, pour extraire la racine cubique de 13312053. je partage ce nombre de 3. en 3 figures en cette manière, 13 | 312 | 053. ensuite je dis, le plus grand cube contenu dans 13. est 8 dont la racine est 2. que j'écris au quotient ; & ôtant 8. de 13. le reste est 5. que je joins à la première figure 3. de la seconde tranche. Je divise ce reste 53. par le triple quarré du quotient 2. c'est-à-dire, par 3. fois 4. ou par 12. pour avoir la seconde figure

| Diviſeurs | Cube | | | Racine |
|---|---|---|---|---|
| | 13 | 312 | 053 | 237 |
| 12. | 5 | 3 | | premier reſte |
| 1587. | 12 | 167 | | cube de 23 |
| | 1 | 145 | 0 | ſecond reſte |
| | 13 | 312 | 053 | cube de |
| | | | | 237. |
| | reſte 0. | | | |

de la racine, diſant, en 53. combien de fois 12 ? Il y eſt bien 4. fois ; mais le cube de la racine 24. qui eſt 13824. ne peut pas être ôté des deux premiéres tranches 13312. il faut donc écrire 3. dans le quotient, & cuber 23. dans un papier ſeparé, en multipliant 23. par 23. & le produit 529. encore par 23. pour avoir le cube 12167. qui étant ôté des deux premiéres tranches, le reſte eſt 1145. que je joins à la première figure 0. de la tranche ſuivante. Je diviſe de même ce reſte 11450. par le triple quarré de 23. c'eſt-à-dire, par 3. fois le quarré trouvé 529. ou par 1587. diſant en 11450. combien de fois 1587 ? Il y eſt 7. fois, j'ecris 7. au quotient & multipliant 237. par 237. j'ai le quarré 561 69. que je multiplie encore par 237. pour avoir le cube 13312 053. otant ce cube de tout le nombre propoſé, il ne reſte rien. Ce qui fait voir que la racine exacte eſt 237.

## Autre Exemple avec fractions décimales.

| Diviſeurs | Cube | | | Racine |
|---|---|---|---|---|
| | 1 | 331. | 205 | 3 | 11. 0005 |
| 3 | 0 | 3 | | premier reſte |
| 363000000 | 1 | 331 | | cube de 11 |
| | 0. | 205000000 | | ſecond reſte |
| | 3 3 3 1. | 181508250125 | | |
| | 23791749875. dernier reſte | | | |

Dans cet exemple, ayant diviſé le ſecond reſte par le triple

quarré de 11. qui eſt 363. on a trouvé o. au quotient & ayant
diviſé de meme, le ſecond reſte augmenté de 3. zero par le triple
quarré de 11. o. on a encore trouvé zero, juſques à la quatriéme
diviſion par le triple quarré de 11. 000. où l'on a trouvé 5.
dixmilliéntes. On s'eſt arreté à cette petite fraction.

---

# MANIERE

*D'abréger conſidérablement le calcul des fractions décimales, ſans*
*diminuer ſenſiblement l'exactitude de ce calcul.*

IL paroit preſque impoſſible de prendre le quarré d'un nombre
accompagné de beaucoup de figures decimales, & encore plus d'en
prendre le cube & les autres puiſſances. Par exemple ſi l'on demande le quarré du nombre 17. 453292519. c'eſt-à-dire, s'il faut
multiplier ce nombre par lui-même, on eſt extrêmement rebuté
par la longueur de cette multiplication, dont le produit eſt 304.
61741975378136536r. ſi l'on ſe bornoit à multiplier 17. 45. par
17. 45. on auroit au produit 304. 5025. & ce quarré ſeroit trop
petit de plus d'un dixiéme d'unité. La difficulté ſeroit bien plus
grande, s'il falloit prendre le cube de ce nombre & elle ſeroit
preſque inſurmontable, s'il falloit encore cuber ce cube. Mais
toutes ces difficultés s'évanoüiront, ſi l'on obſerve la regle ſuivante
propre à tous les cas divers.

1°. Poſez le plus grand de vos deux nombres décimaux avec ſa
fraction, pour le nombre à multiplier, comme s'il n'étoit compoſé que de nombres entiers, y ajoutant un zero au bout à droite.
2°. Poſez l'autre nombre décimal en qualité de multiplicateur,
ſous le nombre à multiplier; mais en telle ſorte que l'ordre des
figures ſoit entiérement renverſé: c'eſt-à-dire, que la prémiére figure à gauche ſoit placée ſous le zero ajouté à droite; la ſeconde à la gauche de la prémiere; la 3°. à la gauche de la 2°. &
ainſi des autres juſques à la derniére, laquelle par ce moyen ſe trouvera

vera la premiére de son rang à gauche de toutes les autres. Par exemple , 52. 407. se trouvera rangé après le renversement en cette sorte , 70425.

Ce multiplicateur étant ainsi rangé ; vous multiplierez par chaque figure du multiplicateur, celles du nombre à multiplier ; mais avec ces deux observations , sçavoir , 1°. que chaque figure du multiplicateur, abandonnant tout ce qui est dans le multiplicande à la droite de la figure qui est precisément au dessus d'elle , ne multiplie que celle-ci , & successivement toutes les autres figures du multiplicande à gauche ; 2°. que les unités du produit de chaque figure du multiplicateur par la figure du multiplicande qui est au-dessus d'elle, soient toûjours placées dans la colomne qui est sous le zero ajoûté au multiplicande, & que les dixaines soient retenuës à la façon ordinaire de multiplier , pour les joindre au produit suivant ; venant ensuite aux dixaines & aux centaines & ainsi de suite jusques à la derniére figure à gauche du multiplicande inclusivement , selon la méthode ordinaire.

4°. Additionnez toutes les lignes de ces produits , & de la somme ôtez les deux derniéres figures à droite , qui sont communément fausses. Pour trouver dans les autres figures à gauche , le nombre des figures de la fraction décimale du produit total, ainsi dépouillé de ces deux figures ; il faut compter le nombre des figures des deux fractions décimales du multiplicateur & du multiplié pris ensemble, sans y comprendre le zero ajoûté. Ensuite on ôtera de cette somme le nombre total des figures du multiplicateur, comprenant dans ce nombre, celles des entiers : Le reste sera le nombre des figures de la fraction décimale du produit total dépouillé de ses deux derniéres figures.

## EXEMPLE I.

On propose de multiplier le nombre décimal 17. 45329259. par lui-même.

O.

1°. Après y avoir ajoûté à droite le zero selon le premier article de la régle gé-nérale, on aura le nombre à multiplier • • • • • • • • • 174532925190

2°. Renverſez l'ordre des figures de ce même nombre, en cette maniére-- 91529235472

3° Multipliez par chaque figure du multiplicateur, ſavoir par 1 à droi-te ſous zero tout ce qui eſt à gauche du zero, y compris le zero, vous aurez le produit • • • • • • • • • • • • • • • 174532925190
Enſuite par 7. la figure ſupérieure 9. & tout le reſte à gauche • 122173047633
Puis par 4. la figure 2. au-deſſus & toûjours à gauche • • 698131704
Par 5. la figure ſupérieure 5. & à gauche • • • • • 872664525
Par 3. la figure ſupérieure 2. & le reſte à gauche • • • 52359876
Par 2. la figure 9. & les ſuivantes à gauche • • • • 3490658
Par 9. la figure 2. &c. • • • • • • • 1570788
Par 2 la figure 3. & ſuivantes • • • • • • 34906
Par 5. la figure au-deſſus 5. &c. • • • • • 8725
Par 1. la figure 4. &c. • • • • • • 174
Enfin par 9. la figure 7. & la ſuivante 1 à gauche • • • 153

4°. Additionnant le tout, le produit total eſt • • • • 30461741973‍2

ôtant de ce produit les deux derniéres figures à droite; il reſte la ſomme réduite à 3046174197. Dans laquelle on aura le nombre des figures de la fraction décimale, ſi l'on ajoute enſemble le nombre des figures des fractions décimales du multiplicateur & du multi-plié, ſans y comprendre le zero ajoûté, & ſi l'on ôte de ce nombre qui eſt ici, 18. le nombre total du multiplicateur qui eſt 11. le reſte 7. ſera le nombre des figures de la fraction décimale du pro-duit total, qu'on doit par conſéquent exprimer en cette maniére, 304. 6174197.

# EXEMPLE II.

On veut avoir le cube du même nombre décimal propoſé dans le premier exemple; en le multipliant par ſon quarré trouvé.
Le plus grand de ces deux nombres décimaux, en les prenant pour deux nombres entiers, eſt le nombre propoſé dans le premier exem-ple; puiſqu'il à 11. figures & que ſon quarré n'en a que 10.

Ainſi 1°. Celui de 11. figures doit être mis pour nombre à multiplier, avec un zero
à droite, en cette manière  -   -   -   -   -   -   -   -   -   -   17. 45329259190
2°. Son quarré doit être ainſi renverſé  -   -   -   -   -   -   -   -   791471640

3°. Multipliant donc par 3. derniére figure à droite du multipli-
cateur toutes celles du multiplié, on a  -   -   -   -   -   -   523598775570
Enſuite par 4. omettant le zero, & commençant par la figure 1. au-
deſſus du 4. on aura  -   -   -   -   -   -   -   -   -   -   -   -   6981317004
Par 6. en commençant par 5. au-deſſus  -   -   -   -   -   -   1047197550
Par 1. & commençant par 2. audeſſus  -   -   -   -   -   -   -   17453292
Par 7. en commençant par la figure 9. au-deſſus  -   -   -   -   12217303
Par 4. commençant par la figure 2. au-deſſus  -   -   -   -   -   698228
Par 1. commençant par le nombre 3. audeſſus  -   -   -   -   -   17453
Par 9. commençant par le nombre 5 au-deſſus  -   -   -   -   15705
Enfin par 7. commençant par le nombre ſupérieur 4.  -   -   -   1218

4°. La ſomme de ces produits ou le produit total, eſt  -   -   531657693123
De laquelle ôtant les deux derniéres figures 23 le reſte 5316576932.
ſera le vrai produit de cette eſpèce de multiplication. & pour trouver dans ce produit le nombre des figures de la fraction décimales on ajoute le nombre .7. des figures de la fraction décimale du
multiplicateur, au nombre 9. de celles du multiplié, ſans y comprendre le zero qu'on a ajoûté, & de la ſomme 16. on ôte le
nombre total des figures du multiplicateur, qui eſt 10. le reſte
6. détermine le nombre des figures de la fraction décimale du produit, qui ſera par conſéquent 5316. 576932.

On voit que ſi l'on avoit cubé le même nombre propoſé,
en n'admettant que les deux premiéres figures de la fraction décimale; c'eſt-à-dire, ſi on avoit cubé 17. 45. par les régles ordinaires,
pour ſe contenter de 6. figures dans la fraction décimale du cube,
on auroit trouvé ce cube de 5313. 568625, qui eſt moindre que
le nombre trouvé de 3. 008307. pendant que l'autre eſt vrai juſques aux millioniémes de l'unité.

## EXEMPLE III.

Supoſons qu'il ſoit queſtion de multiplier ce cube ainſi trouvé,
par le quarré de ſa racine.

Le nombre des figures eſt 10. tant dans le nombre à multiplier

que dans le multiplicateur. Mais la première figure du cube est
5. & la première figure du quarré n'est que 3. Le cube est donc
préférable pour en faire le multiplicande.

Or 1°. Ce multiplicande avec un zero au bout, fait · · · · 5316.5769310
2°. Le multiplicateur renversé, est · · · · · · · · · · 791 4716403

3°. Le produit du multiplicande par 3. depuis 0. est · · · · 15949 7307960
Par 4. depuis 3. qui est au dessus · · · · · · · · · · 212 6630771
Par 6. depuis 9. au dessus · · · · · · · · · · · · 31 8994614
Par 1. depuis 6. au-dessus · · · · · · · · · · · · 5316576
Par 7. depuis 7. au-dessus · · · · · · · · · · · · 3721599
Par 4. depuis 5. au-dessus · · · · · · · · · · · · 212660
Par 1. depuis 6. au-dessus · · · · · · · · · · · · 5316
Par 9. depuis 1 au-dessus · · · · · · · · · · · · 4779
Enfin par 7 depuis 3 au-dessus · · · · · · · · · · 371

4°. La somme de tous ces produits est · · · · · · · 1619 52194647
ôtant de cette somme les deux dernières figures, on a · · · · 1619 521946
vrai nombre décimal, exprimant le quarré cube ou la 5ᵉ. puis-
fance du nombre décimal donné au premier exemple. Et pour
sçavoir le nombre des figures de sa fraction décimale, on verra
que le multiplicande en a 6. sans y comprendre le zero, & le
multiplicateur 7. qui font ensemble 13. D'où ôtant 10. qui est
le nombre total des figures du multiplicateur ; il reste 3. qui est
celui des figures de la fraction décimale du produit total dépouïl-
lé des deux fausses figures. Et ainsi ce quarré cube doit être exprimé en cette manière, 1619521. 946.

Quel énorme calcul ne faudroit-il pas pour venir à ce quarré
cube par la méthode ordinaire ? puisque son produit auroit plus
de 50. figures ; au lieu que par cette méthode il est réduit à 10.
& donne avec exactitude jusques aux millièmes de l'unité.

## Observations à faire sur les régles de ce calcul abrégé.

1°. Quand on a dit qu'il falloit prendre pour multiplicande le
plus grand des deux nombres décimaux, & garder le moindre pour
multiplicateur ; ce n'est pas que le produit ne fût aussi vrai après
le retranchement des deux dernières figures, quand on auroit fait
le

le contraire : mais c'eſt uniquement, parce que le nombre des
figures négligées dans la fraction décimale du produit, devient
toûjours moindre par cette régle, & que par conſéquent le produit
aproche toûjours plus du produit exact. On peut le voir dans
les ſecond & troiſiéme exemples précédents. On a trouvé dans le
produit du ſecond exemple, la fraction décimale .576932 & dans
le produit du troiſiéme .946. & l'on n'auroit trouvé que 57693. dans
le ſecond, & .94. dans le troiſiéme, ſi l'on avoit pris le plus grand
des deux nombres pour multiplicateur.

2°. Ce calcul abregé n'eſt utile, que quand le nombre des figures des fractions décimales du multiplicande & du multiplicateur
pris enſemble, ſurpaſſe le nombre total des figures du multiplicateur : car ſi la ſomme des nombres de figures des fractions décimales du multiplicande & du multiplié, eſt moindre que le nombre total des figures du multiplicateur ; non-ſeulement le produit ſera ſans fraction décimale, mais il s'y trouvera d'autant plus
de figures négligées dans les entiers, que cette ſomme aura été
moindre. Si elle eſt égale au nombre total des figures du multiplicateur, les entiers viendront tous dans le produit ; mais la fraction décimale ſera toute negligée. Par exemple, ſi l'on propoſoit
de multiplier 5302. 76. par 45. 291. & qu'on prit pour multiplicande ce dernier nombre 45. 291. & pour multiplicateur le premier 5302. 76. alors la ſomme des figures des deux fractions décimales étant 5. & le multiplicateur ayant 6. figures, on n'aura
pour produit que 24016. ſi l'on fait cette multiplication ſelon les
régles précédentes, en retranchant les deux derniéres figures comme fauſſes. Or dans ce nombre là derniére figure des entiers ſe trouve com-
priſe parmi les figures négligées. Car le vrai produit devroit être 240167.
30316. De même ſi l'on prend pour multiplicande 5302. 76. &
pour multiplicateur 45. 291. comme alors la ſomme des nombres
des figures des fractions décimales de l'un & de l'autre pris enſemble ſera 5. & par conſéquent ſera égale au nombre total des figures du multiplicateur, qui ſera auſſi 5. il ſuit que le produit dimi-
nué de ſes deux derniéres figures qui ſont fauſſes, ne ſera compoſé
que des entiers 240167. & toute la fraction décimale diſparoîtra.
Par où l'on voit encore en paſſant, combien il eſt utile de pren-

P

dre pour multiplicateur le moindre des deux nombres déci ꝗ donnés.

3°. Des régles précédentes & des deux derniéres Obfervations , on peut conclurre un moyen de limiter au produit de ces mul-tiplications le nombre des figures de fa fraction décimale , dans le cas où ce nombre eft trop grand dans les fractions décimales du multiplicande & du multiplicateur pris enfemble. Ce qui épargne beaucoup de travail dans l'opération, lorfqu'on n'a pas befoin d'une plus grande exactitude.

La régle générale eft 1°. De pofer pour principe, qu'il vaut mieux avoir une figure de plus dans la fraction décimale du produit , que d'en avoir une de moins que le nombre qu'on s'eft propofé, dans le cas où il n'eft pas poffible d'avoir exactement ce nombre.

2°. Ce principe pofé, ajoûtez au nombre de figures décimales pro-jetté, celui des figures qui expriment les entiers dans le multipli-cateur ; la fomme de ces deux uombres fera le nombre des figu-res décimales du multiplicateur & du multiplié, fans y compren-dre le zero qui doit être ajoûté à celui-ci.

## EXEMPLE

On propofe le nombre décimal 17. 453292519. à multiplier par lui-même, & on ne veut que quatre figures dans la fraction dé-cimale du produit.

J'ajoûte 2. au nombre 4. des figures demandées ; parce que le nombre des figures qui expriment les entiers dans le multiplicateur eft 2. ce qui m'aprend que je dois avoir 6. figures dans la frac-tion du multiplié outre le zero à ajoûter , & autant dans celle du multiplicateur. Ainfi ces deux nombres feront placés en cette maniére. • • - • - 17. 4 5329 20
2 9 235471

Et leur produit fera fuivant les regles précédentes - 50 4. 6173|89
Ce produit vaut , fuivant les regles du calcul décimal, 304. 6174 conformément au réfultat du premier exemple.

## AUTRE EXEMPLE.

Si en voulant cuber le même nombre décimal 17. 4532925t9 ou le multipliant par son quarré trouvé dans le second exemple cidevant 304. 6174197 ; on veut n'avoir que 3. figures dans la fraction décimale du produit ; on fixera le nombre des figures du multiplicateur & du multiplié en cette maniére.

J'ajoûte 3. au nombre de figures proposé 3. parce que le nombre des figures qui expriment les entiers dans le multiplicateur est 3. ce nombre étant 304. ce qui m'indique que je dois prendre tant dans le multiplié, que dans le multiplicateur, 6 de leurs premiéres figures de fraction décimale.

Ainsi le multiplié avec son zero , sera    -    -  17. 453329 20
Le multiplicateur renversé     -    -    -    -  91. 47164 03

Et le produit selon les regles générales sera  - - - 53 16.576|58 ce qui s'accorde encore bien avec le résultat du second Exemple.

### De la reduction des fractions ordinaires en nombres décimaux

joignez un ou plusieurs zero au numerateur de la fraction & divisez le tout par le dénominateur. Si vous ne joignez qu'un zero , vous n'aurez que des dixiémes ; si vous en joignez deux , vous aurez des dixiémes & des centiémes ; si vous en joignez trois, vous aurez des milliémes , & ainsi de suite à l'infini.

Par exemple, pour réduire 5. huitiémes en nombres décimaux ; joignant un zero. je divise 50. par 8. & j'ai 0. 6 dixiémes ; joignant deux zero , j'ai 0. 62. joignant trois zero & divisant toûjours 5000. par 8. j'ai 0. 625. & comme il ne reste rien dans cette derniere division , je suis assuré que 5. huitiémes se réduisent exactement à 0.625. c'est-à-dire, à 625. milliémes.

Mais si je voulois réduire 1. tiers en nombres décimaux , joignant plusieurs zero à 1. & divisant toûjours par 3. le quotient seroit 0. 3333 , &c, ce qui m'aprend que 1. tiers est 0. 3333. c'està-dire 3333. dix milliémes. Cette fraction décimale ne peut pas être exacte ; parce qu'il reste toûjours 1. après la divifion ; quelque nombre de zero qu'on fupofe ; mais elle peut aprocher à l'infini de l'exactitude, en répétant, autant qu'on le juge à propos, le quotient 3 qui revient toûjours.

De même pour réduire 2. tiers en nombres décimaux, je joins plufieurs zero à 2. & je divife par le dénominateur 3. le quotient me donne les nombres décimaux 0. 6666, &c. & comme il refte toûjours 2. & que le quotient 6. revient toûjours, la fraction décimale ne peut pas être exacte ; mais pour aprocher tant qu'on voudra de l'exactitude, il faut non feulement repeter plufieurs fois le quotient 6. mais il faut encore écrire 7. pour la derniére figure à droite ; parce que le 6. qu'on néglige furpaffant 5. qui eft la moitié de 10. on doit toûjours ajoûter 1. à la derniére figure pour tenir compte de celles qu'on néglige ainfi 2. tiers valent 0.6667.

C'eft ainfi qu'on réduit les pieds, pouces & lignes en parties décimales de la toife & les fols & deniers en parties décimales de la livre : Car le pied eft 1. fixiéme de la Toife, le pouce en eft un foixante & douziéme, & la ligne eft 1. huit cens foixante quatriéme de la Toife. De même 1. fol eft 1 vingtiéme d'une livre, & 1. denier en eft 1. deux cent quarantiéme. Deforte que fi l'on veut réduire en nombres décimaux, par exemple, 15. livres 5. fols 8. deniers, il faut joindre feulement deux zero à 5. & divifer 500. fols par 20. le quotient 0. 25. donnera la réduction exacte de 5. fols en parties décimales d'une livre. Enfuite joignant trois ou quatre zero à 8. deniers, & divifant 80000. par 240. on aura au quotient 0. 0333, &c. pour la réduction de 8. deniers en parties décimales de la livre. Enfin on ajoûtera ces deux fractions décimales à 15. livres comme on voit ici, & l'on aura la réduction de 15. liv. 5. f. 8. d. auffi exacte que l'on voudra, en nombres décimaux.

15.
0. 25
0. 0333 &c
15 .2833 &c.

De même fi l'on veut réduire en nombres décimaux, 15. Toifes, 5. pieds, 8. pouces, 9. lignes, il faut joindre 3. ou 4. zero à 5. pieds & divifer le produit 5000. par 6. parce que le pied eft

I.

1. sixiéme de la Toise ; le quotient o. 833 , &c. donnera la réduction de 5. pieds en parties décimales de la Toise. Enfuite joignant
2. ou 3. zero à 8. pouces , & divifant 800. par 72. le quotient o.
11 , &c. me donne la réduction de 8. pouces en parties décimales
de la Toise. Enfin, joignant plufieurs zero à 9. lignes , & divifant 90000. par 864. le quotient o. 0104 me donne la réduction de
9. lignes. Ajoûtant ces 3. réductions à 15. toises, j'ai la réduction
de 15. toises, 5. pieds , 8. pouces, 9.

lignes en nombres décimaux 15. 9548

15.

0. 8333

0. 1111

0. 0104

─────────

15. 9548

## De la réduction des fractions décimales en toute autre fraction d'un dénominateur donné.

Multipliez la fraction décimale par le dénominateur donné ; le
produit vous donnera un numérateur , correfpondant au dénominateur donné , en fupofant ce dénominateur accompagné d'autant
de zero , que la fraction décimale avoit de figures.

Par exemple , pour réduire la fraction décimale o. 542. à une
autre fraction qui ait le dénominateur 7. je multiplie cette fraction décimale par 7. & j'ai 3794. pour numérateur , & 7000. pour
dénominateur ; parce que la fraction décimale .542 a 3. figures &
que par là elle demande 3. zero à la droite du 7.

Si par hazard il arrivoit que le produit qui forme le numérateur, eût autant de zero que la fraction décimale avoit de figures ;
en ce cas ôtant les zero du numérateur & du dénominateur, on
aura pour numérateur les premiéres figures reftantes à gauche , &
pour dénominateur , celui qui auroit été donné : par exemple , la
fraction décimale o. 625. eft réduite au dénominateur 8. & au numérateur 5. en multipliant 625. par 8. ce qui donne 5000. dont
le dénominateur , fuivant la régle générale , fe trouve 8000. ce
qui fe réduit à 5. huitiémes.

De même la fraction décimale o. 5263. eft réduite au denomi-

Q

nateur 95. en la multipliant par 95. Le produit eſt 499985. numérateur de la fraction qui a pour ſon dénominateur 95. avec 4.
zero à droite ; parce que la fraction décimale donnée a 4 figures.
Mais parce qu'il ne s'en faut que de 15. que ce numérateur ne
ſoit réduit à 500000. & parce que ces 15. par raport au dénominateur 950000. ſont très-peu de choſe ; puiſque ce ne ſont que
15. neuf cens cinquante milliémes, on ajoûte ces 15. au numérateur trouvé, qui devient par là 500000. & ſon dénominateur
950000. ce qui ſe réduit à 50. quatre vingt quinziémes.

Par la même raiſon, pour réduire 0. 3333. à une fraction ordinaire, dont le dénominateur ſoit 3. je multiplie la fraction par 3
& j'ai pour numérateur 0. 9999 & pour dénominateur 30000. à
cauſe que la fraction décimale eſt de 4. figures. Mais comme il
ne s'en faut que d'un. 30. milliéme que ce numérateur ne ſoit réduit à 10000. j'ajoûte 1. & la fraction ſe réduit à 1. tiers.

Tout de même, ſi l'on veut réduire la fraction décimale 0. 6667
au dénominateur 3. la multiplication de 0. 6667 par 3, donne pour
numérateur 20001 & pour dénominateur 30000. & comme il n'y
a dans ce numérateur que 1. dix milliéme de trop pour le réduire
à 20000 j'ôte cette petite quantité, & il reſte 20000. trente milliémes, c'eſt-à-dire 2. tiers.

La raiſon de ces légéres ſouſtractions ou additions, eſt que rarement une fraction décimale ſe trouve bien exacte, & il y a ordinairement une petite fraction de fraction, ou négligée ; ou ajoûtée, pour n'en pas négliger une plus forte. Ainſi lorſque le numérateur produit par la réduction d'une fraction décimale manque
de très peu, pour être réduit dans le plus grand nombre de ſes
figures en zéro, on préſume que c'eſt une petite fraction de fraction décimale négligée, qui a cauſé ce défaut, & l'on ajoûte cette
fraction, pour réduire la fraction ordinaire trouvée, à de moindres
termes. Il en eſt de même de la ſouſtraction.

Ainſi dans l'exemple de la réduction de 0. 5263. on ſupoſe qu'on
y a négligé 3. cent quatre vingt milliémes de l'unité, ou 15. neuf
cens cinquante milliémes. Dans celui de la fraction décimale 0. 3333
on ſupoſe qu'on y a négligé 1. dix milliémes de l'unité ; & dans

celui de la fraction o. 6667 on ſupoſe qu'on y a ajoûté 1. dix-milliémes de l'unité.

Il n'en ſeroit pas de même de la fraction décimale du premier exemple, qui a été ſupoſée o .542. Car la régle l'ayant réduite à 3794. ſept milliémes ; l'addition réquiſe pour la réduire à 4000. ſept milliémes, ſupoſeroit que les 206. milliémes qui manquent ſont une petite fraction, Ainſi cette fraction doit demeurer pour 3794. ſept milliémes.

Juſques ici il n'a été queſtion de la réduction des fractions décimales qu'en fractions ſimples ordinaires : mais ſi l'on veut les réduire en fractions & fractions de fractions ordinaires, il faut garder les régles ſuivantes.

1°. Multipliez d'abord la fraction décimale par le dénominateur de la fraction qui aproche le plus des nombres entiers ; par exemple s'il s'agit de la réduire en pieds, pouces & lignes, & que les entiers ſoient des Toiſes ; il faut commencer par le dénominateur des pieds, par raport à la Toiſe. Ce dénominateur eſt 6. multipliant donc par 6. on coupera autant de figures du produit à main droite, que la fraction décimale en contient, & le ſurplus des figures à gauche ſera le numérateur requis. Ainſi s'il s'agit de pieds par raport à la Toiſe, le ſurplus donnera le nombre des pieds.

2°. Multipliez les figures retranchées, par le dénominateur de la premiére fraction de fraction. Par exemple, s'il s'agit de pouces par raport au pied, le dénominateur étant 12. il faut multiplier ces figures retranchées par 12. Et de même retranchant autant de figures à droite que la fraction décimale en avoit, le ſurplus à gauche ſera le numérateur requis ou l'expreſſion du nombre des pouces dans le cas ſupoſé.

3°. Faites les mêmes opérations pour la ſeconde fraction de fraction par raport à la premiére, comme il a été dit pour la premiere. Vous aurez par ce moyen le numérateur de cette ſeconde & ainſi de ſuite autant que vous aurez de fractions de fractions à chercher, & à la fin, prenez les figures coupées pour unité à ajoûter au numérateur trouvé le dernier, ſi la premiére ſurpaſſe 5. ou vous les negligerez, ſi elle ne ſurpaſſe pas 5.

# EXEMPLE.

J'ai la fraction décimale de Toife o. 54967. que je yeux réduire, en pieds, pouces & lignes.

1°. Le dénominateur des pieds par raport à la Toife, est 6. je multiplie donc 54967. par 6. le produit est 329802. Et parce que ma fraction décimale est de 5. figures, j'en retranche 5. de ce produit à droite; il reste 3. à gauche; c'est-à-dire, 3. pieds.

2°. Pour avoir les pouces fur les figures retranchées 29802. je les multiplie par le denominateur des pouces par raport au pied, qui est 12. & j'ai le produit 357624. j'en retranche 5. figures à droite il reste à gauche 3. pouces.

3°. Pour avoir les lignes par les 5. figures retranchées 57624. je les multiplie encore par 12. qui est le dénominateur des lignes, par raport au pouce, & j'ai 691488. D'où ôtant les 5. derniéres figures, j'aurois 6. lignes, par le 6. qui reste à gauche. Mais com.me on ne veut pas aller au delà des lignes, & que la premiére figu.re excede 5. au lieu de compter 6. lignes, j'en compte 7. & la fraction décimale de toife o. 54967. vaut 3. pieds 3. pouces & 7. li.gnes, à une très-petite fraction de ligne près.

En effet, si je réduis par les régles précédentes 3. pieds. 3. pou.ces & 7. lignes, à une fraction décimale de toife, j'aurai pour les 3. pieds ou 3. fixiémes de Toife - - - - - - - o. 50000 pour les 3. pouces ou 3. foixante & douziémes - - o. 04167 & pour les 7. lignes ou 7. huit cens foixante quatriémes - - o. 00810

En tout o. 54977

ce qui n'excéde la fraction donnée que de 1. dix milliémes de l'uni.té, à caufe de la legére addition qu'on a faite dans la réduction en lignes.

## AUTRE EXEMPLE.

On a la fraction o. 4978. à réduire en fols & deniers, comme fractions & fractions de fraction de la livre.

1°. Commençant par les fols, qui font les fractions immédiates

de

de la livre , & dont le dénominateur par raport à la livre eſt 20. je
multiplie la fraction décimale o. 4978 par 20. le produit eſt 99560.
j'en retranche 4. figures à droite ; parce que ma fraction décimale
eſt de 4. figures ; j'ai 9. c'eſt-à-dire , 9. ſols.

2°. Pour avoir les deniers , je multiplie les 4. figures coupées
9560. par le dénominateur 12. du denier par raport au ſol le produit eſt 114720. j'en retranche 4; figures à droite , & j'ai à gauche
11. deniers , & comme on ne va pas au delà des deniers & que
la premiere des figures coupées 4. ne ſurpaſſe pas 5. je les negli-
ge toutes.

En effet ſi par les regles cy-devant données , je réduis 9. ſols 11.
deniers en fraction decimale , j'aurai pour 9. ſols ou 9. vingtiémes de la livre - - - - - - - - - - - - - - - o. 4500.
& pour 11. deniers ou 11. deux cent quarantiémes - - o. 0458.

En tout - - - - - - - - o. 4958
ce qui différe de la fraction décimale donnée de 20. dix-milliémes de l'unité , à cauſe qu'on a negligé un peu moins d'un demi
denier.

## Du Jaugeage des Tonneaux dont les fonds ſont Ellipti-
## ques & du jaugeage de leurs ſegments

On jaugera ces Tonneaux & leurs ſegments par les regles qu'on
a données dans ce petit Traité , comme ſi leurs baſes étoient circulaires , & que leur diametre fut égal au diametre de l'Ellipſe , le
quel paſſe par le trou du bondon. Enſuite on fera cette regle de
trois , en prenant les deux diametres de l'Ellipſe de l'un des fonds :
comme le diametre paralléle au diametre du bondon , eſt au
ſecond diametre du fonds; ainſi la ſolidité trouvée du Tonneau
ou du ſegment circulaire , eſt à la ſolidité requiſe du Tonneau ,
ou du ſegment Elliptique.

Cette régle eſt fondée ſur l'hypotéſe que la courbure du Tonneau dont les fonds ſont Elliptiques, étant parabolique dans ſa longueur, les deux diametres de chaque Ellipſe , ſont en même raiſon. Or l'aire de chaque ſegment circulaire , eſt à l'aire du ſeg-

R

ment Elliptique de même hauteur & de même diamétre, comme le diamétre du cercle est au second diamétre de l'Ellipse ; c'est-à-dire en raison constante. Donc la somme infinie des aires circulaires, est à une pareille somme infinie des aires Elliptiques sur la même hauteur du diamétre à la bonde ; comme ce diamétre est au second diamétre de l'Ellipse à la bonde, ou comme le diamétre paralléle du fonds est au second diamétre du même fonds.

Cette régle n'a pas besoin d'exemple. Elle est très-nécessaire dans les Ports de Mer où l'on trouve souvent des Tonneaux à jauger dont les bases sont Elliptiques, & je suis surpris que les Auteurs qui ont traité du Jaugeage des Tonneaux, ne l'ayent pas trouvée, ou ne l'ayent pas publiée. Je crois qu'on peut l'apliquer au Jaugeage des Navires, avec quelques restrictions que je donnerai dans la suite.

## Comparaison des Tables avec le quartier de réduction pour le Jaugeage des segments.

L'usage du quartier de réduction est évidemment beaucoup plus facile que celui des Tables, & l'on trouve presque aussi exactement la capacité des segments par le quartier de réduction que par le moyen de la Table des capacités des segments. On pourroit même faire un quartier de réduction dont l'usage seroit encore plus facile, en le divisant pour une Ville particuliére, par exemple, pour Marseille, ou pour Paris. Car comme la plus grande mesure de Marseille, qu'on nomme millerole, est de 60. pots ; si l'on divisoit les échelles Pythometriques seulement en 30. parties, par le moyen des calculs précédents ; chacune de ces parties donneroit 1. pot par millerole, & ainsi l'on trouveroit tout-à-coup sans aucun calcul, la capacité de chaque segment. Par exemple, si le fil tomboit sur la quatriéme division de l'échelle pythometrique, on prendroit 4. pots pour chaque millerole de la capacité totale du Tonneau.

De même, comme le muid de Paris contient 36. septiers ou 288. pintes ; il faudroit diviser les échelles pythometriques en 144. parties & chacune de ces parties donneroit 1. pinte pour chaque muid : ou fi on les divifoit feulement en 72. parties, chaque partie donneroit une pinte pour chaque demi muid , & l'on trouveroit fans calcul la capacité de chaque fegment.

Je ne dois pas oublier d'avertir ceux qui voudront calculer de nouvelles Tables pour une Ville particuliére , que pour être plus exaĉt dans la méthode d'aproximation du Probléme 3. il ne faut fe fervir de la fraĉtion décimale o. 29. que depuis le milieu du demi diamétre du cercle jufques au centre, & qu'il faut employer la fraĉtion o. 2896 depuis le fommet de chaque demi diamétre , jufques au milieu.

Si l'on ne veut pas fe fervir de cette méthode d'aproximation , qui eft très-expéditive & aufli exaĉte qu'il le faut pour la pratique , on fe fervira de celle ci qui eft plus exaĉte. 1°. Multipliez l'aire du demi fegment AQY ( Figure 1. ) par le quarré du demi diamétre AH. Multipliez aufli le cube de QY par le tiers de QH. & ôtez ce fecond produit du premier ; vous aurez un premier refte.

2°. Multipliez de même l'aire du demi fegment DPU. ( Fig. 2. ) par le quarré du demi diamétre DL. Multipliez aufli le cube de PU , par le tiers de PL. ou de QH & ôtez ce fecond produit du premier, vous aurez un fecond refte , que vous ôterez du premier refte trouvé dans l'article 1.

3°. Divifez ce dernier refte par la différence des quarrés des demi diamétres AH. & DL, & multipliez le quotient par la longueur du Tonneau , vous aurez la folidité du fegment propofé.

Si l'on veut réduire en mefures femblables à celles de la Table, la valeur du fegment qu'on a ainfi trouvé ; il faut faire cette regle de trois : Comme la valeur du Tonneau propofé [ qui eft le demi produit de fa longueur par la fomme des quarrés des rayons AH & DL & par le nombre 3. 14159. ] eft à 100. mefures [ valeur du Tonneau de la Table ] ainfi la valeur du fegment qu'on a trouvée eft aux mefures femblables à celles de la Table. Si la Table fupofoit le Tonneau de 60. pots ou de 144. pintes , on prendroit ce nombre pour le fecond terme de la regle de trois.

Toute la difficulté de la méthode précédente , confifte dans le calcul des efpaces circulaires AQY & DPU ; & cette difficulté eft commune à toutes les méthodes. C'eſt pour la ſurmonter, que j'ai cherché la méthode d'aproximation du Problême 3.

On peut auſſi vaincre cette difficulté par la pratique de Mr. Neuton, dans ſa *Méthode des Fluxions* page 129. de la traduction de Mr. de Buffon. Coupez AQ ( Fig. 1. ) en deux parties égales au point E ; & dites : 3. ſont à 2. comme le rectangle ſous AQ & EY, ajoûté à la cinquiéme partie de la différence entre la droite ſupoſée AY & EY, eſt à l'aire circulaire AQY, à très-peu près. Mr. Neuton démontre que l'erreur ne peut être que 1. quinze centiémes de l'aire totale, lors même que l'aire AQY eſt celle du quart de cercle.

Si l'on veut trouver encore plus promptement l'aire du demi ſegment AQY, on multipliera le quarré de AQ par la fraction décimale 0. 3876. Le produit ſera le quarré d'une partie QE de la hauteur AQ. Enſuite on ajoutera ce quarré à celui de QY, pour avoir le quarré de EY, dont on extraira la racine : multipliant cette racine quarrée par les deux tiers de la hauteur AQ, on aura l'aire du demi ſegment AQY. cette méthode donne pour le quart d'un cercle dont le diamétre eſt 1. la valeur très-aprochée 0. 1963. Car le cercle entier étant 0. 785398. le quart doit être 0. 196346. donc cette aproximation ne différe dans le quart de cercle que de 4. ou 5. cent milliémes.

Si l'on veut trouver par une autre méthode d'aproximation le ſegment plein LPQH ( Fig. 3. ) il faut multiplier le grand demi diamétre AH par le petit PL. diviſer par ce produit les 3. quarantiémes du quarré de quarré ou de la quatriéme puiſſance de la hauteur QH ; ajoûter à ce quotient la moitié de la même hauteur QH ; ôter cette ſomme de celle des quarrés des demi diamétres AH & PL & du produit de AH par PL ; multiplier le reſte par la longueur du Tonneau, & le produit par la hauteur QH ; diviſer ce dernier produit par la ſomme des demi diamétres AH & PL, & prendre les 4. tiers du quotient. On aura la capacité du ſegment plein, que l'on reduira en meſures ſemblables à celles de la Table, comme ci-devant.

EXEMPLE

# EXEMPLE

La hauteur QH. eſt 20. Le demi diamétre AH eſt 50. celui des fonds DL. eſt 40. La longueur du Tonneau eſt 1. On demande le ſegment plein PLQH.

Le produit de 50. par 40. eſt 2000. le quarré de 20. eſt 400. & le quarré de ce quarré eſt 160000. je diviſe ce dernier nombre par le premier produit 2000. & je prens 3. quarantiémes du quotient 80. ce qui me donne 6. j'ajoute 6. à 200. qui eſt la moitié du quarré de 20. & j'ote cette ſomme 206. de la ſomme des quarrés 2500. & 1600. & du premier produit 2000. c'eſt-à-dire, de 6100. le reſte eſt 5894. que je multiplie par la hauteur 20. & je diviſe le produit 117880. par la ſomme 90. des deux demi diametres. Le quotient eſt 1309. 77. & enfin je prens 4. tiers de ce dernier quotient, pour avoir la capacité requiſe 1746. 37.

Pour reduire ce nombre aux meſures de la table, je le multiplie par le nombre conſtant 63. 66. & je diviſe le produit 111173. 9142. par la ſomme des quarrés 4100. ( ce qui revient à la regle de trois précédente ] le quotient 27. 11. donne le nombre des meſures que contiendra le ſegment plein, lesquelles étant otées de 50. donnent le ſegment vuide 22. 89. conformément à la table à 1. dixmilliéme près de la capacité totale.

On ſera peut être bien aiſe de trouver ici la méthode de Wolfius pour meſurer les ſegments des Tonneaux; cette méthode étant beaucoup plus facile & plus exacte que toutes celles qui avoient été propoſées juſqu'à préſent. Il donne d'abord la conſtruction de l'Echelle Pythométrique dans le Problème 3°. des Elémens de géometrie, en cette maniére : 1°. Il faut remplir d'eau un Tonneau dont on connoit la capacité & diviſer le nombre des meſures qu'il contient, par 20. ou par quelque autre nombre. 2°. Il faut tirer du Tonneau le nombre des meſures qui réſulte de cette diviſion, par exemple, 1. vingtiéme de toute la capacité, & marquer ſur une échelle la hauteur du ſegment vuide. 3°. on tirera ſucceſſivement les autres vingtiémes & l'on marquera ſur l'échelle les hauteurs correſpondantes de tous ces ſegments 4°. on diviſera une autre

S

échelle en parties égales, par exemple, en 200. parties.

Dans le Probléme 31. Il donne l'ufage de cette échelle à peu près en ces termes. 1°. cherchez la capacité totale du Tonneau propofé. 2°. mefurez la hauteur du segment par le moyen de l'échelle des parties égales. 3°. dites comme le nombre des parties égales qui convient à tout le diametre, eft au nombre des parties femblables qui convient à la hauteur du fluide; ainfi le nombre des mêmes parties qui repond à l'intervalle des 20. parties inégales eft à un 4e. nombre. 4°. Prenez avec un compas fur léchelle des parties égales, autant de parties que le nombre trouvé en donne, & portant cette ouverture fur l'échelle des parties inégales, vous marquerez le nombre que le compas indiquera. 5°. vous diviferez par ce nombre celui des mefures qui font contenuës dans toute la capacité du Tonneau, le quotient vous donnera le fegment requis.

Par exemple, le diametre du Bondon eft 160. la hauteur du fegment 58. le nombre des parties égales qui convient à tout l'intervalle des 20. parties inégales eft 120. (*Il vaudroit mieux faire enforte qu'il fut toûjours de* 100. *parties égales*) & la capacité du Tonneau eft de 128. mefures. Dites 160 eft à 58. comme 120. eft à 43. & demi. Supofons que 43. & demi parties égales répondent à 4. vingtiémes des parties inégales ou à 1. cinquiéme de la totalité du Tonneau d'expérience. Divifez 128. par 5. le quotient 25. & 3. cinquiémes, donnera le nombre des mefures du fegment. Telle eft la méthode de Volfius.

On voit affez combien l'expérience d'où dépend cette méthode, eft difficile & au-deffus de la portée de la plûpart des Jaugeurs. Cependant fi l'on faifoit avec beaucoup d'attention la même expérience fur plufieurs Tonneaux de différens diamétres; il en réfulteroit une Table femblable à celle que le calcul nous a donné, fans qu'il fût neceffaire de s'embarraffer de la longueur du Tonneau.

*F I N.*

# ECLAIRCISSEMENT

*Sur la division des nombres décimaux.*

Soit à diviser 32. 843. par 5740. 98465. On demande combien le quotient doit avoir de figures de fractions décimales.

J'ai dit dans la régle générale, qu'il faloit couper autant de figures dans le quotient, qu'il en reste lorsqu'on a souftrait le nombre de celles du diviseur du nombre de celles du dividende augmenté d'autant de zero qu'on l'a jugé à propos en faisant la division, c'est-à-dire que le reste de cette souftraction, détermine le nombre des figures de la fraction décimale. Ainsi dans cet exemple, la division seroit impossible, si l'on n'ajoutoit pas au moins 5. zero au dividende, pour avoir le quotient 5. Or dans ce cas le dividende ayant 8. figures de fractions décimales, & le diviseur en ayant 5. ôtant 5. de 8. je trouve que le quotient en doit avoir 3. & ainsi je joins à main gauche 2. zero au nombre 5. pour avoir le vrai quotient .005.

De même si l'on divise 3. 2058. par .00476. en joignant un zero au dividende pour pouvoir souftraire le nombre 5. des figures de la fraction décimale du diviseur, du nombre des figures de la fraction décimale du dividende, on aura au quotient 673. sans aucune fraction décimale ; parce que de 5. ôtant 5. il ne reste rien.

C'est pour cette raison que dans l'exemple de la page 48. où il s'agit de diviser 549876. par 2. 2358. le quotient doit avoir au moins 6. figures en nombres entiers. Car si l'on ne joint pas au moins 4. zero au dividende, la souftraction du nombre des figures de la fraction décimale du diviseur, du nombre de celles de la fraction du dividende sera impossible. Or ayant joint 4. zero on trouve au quotient 245941. & ôtant le nombre 4. des figures de la fraction décimale du diviseur, du nombre 4. de celles du dividende, il ne reste rien. Ce qui marque que le quotient doit être sans fraction décimale.

# ECLAIRCISSEMENT

*Sur l'Extraction des Racines cubiques des nombres décimaux.*

POur extraire la Racine cubique des nombres décimaux, on fe
fert de la méthode ordinaire ou de celle que j'ai donnée page
49. d'après Mr. Neuton, en obfervant 1°. que comme on partage
les nombres entiers de 3. en 3. 'figures par des points ou par des
lignes en commençant par l'unité ; il faut par la même raifon
commencer toûjours ce partage dans les nombres décimaux, par le
point ou par la virgule, qui fépare les nombres entiers des fractions décimales.

2°. Comme chaque tranche ou féparation dans les nombres entiers, me donne une figure dans la racine, de même chaque
tranche dans les fractions décimales me donne une figure de fraction décimale dans la racine cubique.

3°. Lorfque le nombre des figures en fractions décimales n'eft
pas affez grand pour avoir la racine cubique auffi exacte qu'on le
fouhaite, on y joint autant de fois trois zero qu'on veut avoir
de figures de fractions décimales, à moins que la derniére tranche à main
droite ne foit compofée que d'une ou deux figures, auquel · cas
on joint deux zero, s'il n'y a qu'une figure ou 1. zero, s'il y en
a deux, pour remplir cette tranche : après quoi on joint toûjours
3. zero felon le nombre des figures de fractions décimales que
l'on veut avoir.

Ce qui doit auffi s'obferver à proportion dans l'extraction de la
racine quarrée des nombres décimaux.

Ainfi dans le fecond exemple de la page 51. il a fallu d'abord
fous entendre 2. zero pour remplir la derniére tranche à main droite & pour avoir dans la racine deux figures de nombres entiers ,
& deux figures de fractions décimales. Mais comme on a voulu
encore poufïer la racine cubique jufques aux dix - milliémes ou à
4. figures, il a fallu fous entendre encore 6. zero. Ce qui a réduit
le cube au nombre 1331. 205300000000.

C'eft

C'est pour cette raison que dans l'extraction de la racine quarrée, page 49. ligne 26. j'ai dit qu'on trouvoit en joignant 7. zero que la racine quarrée de 3297. 6. est 57. 4247. car on joint un zero à 6. à main droite, pour remplir la première tranche des fractions decimales & l'on joint encore 6. zero, pour avoir 4. figures de fractions decimales ou 4. tranches.

De meme & pour la meme raison, on joint encore 7. zero au nombre 32. 976. pour avoir sa racine quarrée 5. 74247. & l'on joint aussi 7. zero au nombre 0. 99856. pour avoir sa racine 0. 999279.

La manière ordinaire d'extraire la racine cubique consiste dans ces 4. regles 1°. on écrit dans le quotient la racine du plus grand cube contenu dans la première tranche à gauche, & ayant ôté ce cube de la première tranche, on trouvera la figure suivante du quotient, en divisant le reste augmenté de toute la seconde tranche, par le triple quarré de la racine trouvée avec 2. zero au bout. 2°. on ajoute à ce triple quarré avec ses 2. zero, la triple racine multipliée par le quotient de la division avec un zero au bout. 3°. on ajoute encore à ces deux nombres le quarré du quotient & l'on multiplie la somme par le quotient. 4°. enfin on soustrait le produit du reste trouvé & augmenté de la seconde tranche.

Par exemple, pour extraire la racine cubique du premier cube de la page 51. qui est 13|312|053. j'écris 2. au quotient & je soustrais son cube 8. de la première tranche. Le reste joint à la seconde tranche est 5312. que je divise par 1200. triple quarré de la racine 2. avec 2. zero au bout. Le quotient est 3. pour la seconde figure de la racine. J'ajoute à ce triple quarré 1200. la triple racine 2. multipliée par le quotient 3. avec un zero au bout; c'est-à-dire 180 & j'ajoute encore à ces deux nombres le quarré 9. du quotient 3. la somme est 1389. que je multiplie par le quotient 3. le produit est 4167. que je soustrais du reste trouvé 5312. le second reste joint à la tranche suivante est 1145053. Je divise de même ce reste par le triple quarré 158700 de la racine trouvée 23. avec deux zero au bout le quotient est 7, j'ajoute à ce triple quarré la triple racine

T

23. multipliée par le quotient 7. avec un zero au bout ; c'est-à-dire, 4830. j'ajoute encore le quarré 49. du quotient 7. & je multiplie la somme 163579. par le quotient 7. le produit est 1145053. lequel étant ôté du dernier reste, il ne reste plus rien.

Le plus grand avantage de la methode que j'ai donnée pour l'extraction de la racine cubique, c'est qu'elle s'étend à l'extraction des racines de toutes les puissances. Car si l'on veut extraire, par exemple, la racine de la 5ᵉ. puissance ou la racine quarré cubique, on partagera 1°. le nombre donné de 5. en 5. figures, & l'on prendra le plus grand quarré cube contenu dans la premiére tranche à main gauche, on écrira la racine quarré cubique au quotient.

2°. on otera cette 5ᵉ. puissance ou quarré cube de la premié-re tranche & l'on trouvera la figure suivante du quotient, en divisant le reste augmenté de la premiére figure de la seconde tranche, par cinq fois la 4ᵉ. puissance de la racine trouvée, c'est-à-dire, en general par la puissance immédiatement inférieure qui est ici la 4ᵉ. multipliée par l'exposant 5. de la racine que l'on cherche. C'est pour cela que dans la racine cubique qui est la 3ᵉ. puissance, on divise par trois fois la seconde ou par le triple quarré & ainsi des autres puissances.

3°. on élevera à la cinquiéme puissance, les deux figures trou-vées & ayant ôté cette 5ᵉ. puissance des deux premiéres tranches entiéres, on continuera de même la division, s'il reste quelque chose, en joignant ce reste à la premiére figure de la 3ᵉ. tranche, comme on vient de le faire, pour avoir la seconde figure.

## EXEMPLE.

Si l'on veut trouver la racine 5ᵉ. ou quarré cubique de 364 30830. on partage ce nombre en 2. tranches comme on voit ici, & l'on dit, le plus grand quarré cube contenu dans 364. est 243. sa racine est 3. que j'écris au quotient. Ensuite ôtant 243. de 364. le reste est 121. que je joins à la premiére figure 3. de la tranche suivante. Je divise ce reste par cinq fois la 4ᵉ. puissance de la racine trouvée, ou par 5. fois 81. c'est-à-dire,

Diviſeurs     364|30820|32. 5.
243

405.     121 3 premier reſte

    335 54432. quarré cube de 32.

5242880.     28 763880. ſecond reſte.

par 405. le quotient 2. me donne la 2ᵉ. figure. Je prends le quarré cube de la racine totale 32. qui eſt 33554432, & l'ayant ôté du nombre propoſé, le reſte eſt 2876388. Ainſi 32. eſt toute la racine quarré cubique en nombres entiers; & ſi on veut l'avoir plus exacte, on joint 1. zero au reſte & on le diviſe par 5. fois le quarré cube ou 5. fois la 4ᵉ. puiſſance de la racine 32. c'eſt-à-dire, par 5242880. ce qui donne au quotient la fraction décimale 5. j'eleve au quarré cube, ou à la 5ᵉ. puiſſance la racine totale 32. 5. & otant ce quarré cube du nombre propoſé accompagné de 5. zero, ſçavoir de 364|30820|00000. le reſtant me ſert pour pouſſer plus avant ſi je veux la fraction décimale de cette racine, de la même façon que le premier reſtant m'a ſervi pour trouver la premiére figure ; & ainſi à l'infini.

## AVIS AU RELIEUR.

IL faut coler la *Table de la hauteur des ſegments*, à la marge de la page 9. à main droite.

On colera de même à main droite à la marge de la page 21. la *Table de la capacité des ſegments*.

Il faut auſſi coler à la marge de la page 19. la petite planche des trois figures.

Enfin, on placera le *Quartier de réduction*, à la fin de l'ouvrage.

# TABLE.

ERRATA

# ERRATA.

Dans la Table de la hauteur des Segments, page 9. à la cinquiéme ligne des hauteurs, dans la colomne de 80. - - 9. 16. lisez 8. 90.

Page 11, ligne 9. le nombre qui exprime le raport, lisez, le nombre qui étant doublé, exprime le raport.

Page 18. ligne 15. des fonds DP. lisez, DL.

Page 19. ligne 9. - - - 477445. lisez, 47744. 5

Page 10. ligne 1. - - - 8. milliémes, lisez . 1. centiéme.

Dans la Table de la capacité des segments, page 21. à la 17. différence des diamétres 100. - - - - 95. lisez 96.

A la première capacité des diamétres 90, - - - 12. lisez .01.

A la 46e. différence de la même colomne 90. - - - 30. lisez 130.

Page 11. ligne 17. choisir la 2. 5e. lisez, la 15e.

Page 24. ligne 31. l'une des hauteurs, lisez, à une hauteur moyenne entre deux des hauteurs.

Page 26. ligne 10. la première opération 26. lisez, la première opération 261.

Page 34. ligne derniére, centiémes. lisez, centiémes du grand diamétre.

Même page 34. ligne 5. colomne 3. - - - 7.20. lisez 7. 00.

Page 35. ligne penultiéme, deux centiémes & demi, lisez, vingt - deux centiémes & demi du grand diamétre.

Page 46. lignés 23. - - - 50. 19. lisez, 50. 18.

Page 47. ligne 14. par le nombre, lisez, du nombre.

Page 48. ligne 9. ou plusieurs, il faudra, lisez, ou plusieurs figures, il faudra

Page 49. ligne 4. une fraction décimale, lisez, une figure pour la fraction décimale.

Même page, ligne 7. qu'on veut avoir de fractions, lisez, qu'on veut augmenter de figures la fraction.

Même page, ligne 11. aux deux fractions, lisez, aux deux figures de la fraction.

Page 53. ligne 4. ce multiplicateur, lisez, 3e. Ce multiplicateur.

Même page, ligne penultiéme, 17. 45329259. lisez 17. 453292519.

Y

*Page* 54. *ligne* 23. le total du , *lisez*, le nombre total des figures du

*Page* 58. *ligne* 16. des figures décimales , *lisez* , des figures de chacune des fractions décimales.

*page* 62 *ligne* 19. 1. dix milliéme , *lisez* 1. trente-milliéme.

*Même page ligne* 33. quatre vingt milliémes, *lisez*, quatre vingt-dix milliémes.

*Même page , ligne derniére* , 1. dix milliéme , *lisez* , 1. trente-milliéme.

*page* 63. *ligne* 1. dix-milliéme , *lisez* , 1. trente milliéme.

*Même page , ligne* 6. 206. milliémes , *lisez* , 206 sept milliémes.

*page* 68. *ligne* 19. , , . 196346. *lisez* , 196349.

*Même page , ligne* 24. 28. & 31. PL. *lisez* , DL.

*page* 69. *ligne* 26. Probléme 3°. , *lisez* , Probléme 30.

*page* 70. *ligne* 4. mesurez la hauteur du segment. *Ajoûtez* , & celle de tout le diamécre.

*Même page , ligne* 12. que le compas vous indiquera, *Ajoûtez* , vous diviserez la totalité des parties inégales par ce nombre. 5°. vous diviserez par ce quotient le nombre des mesures. . . .

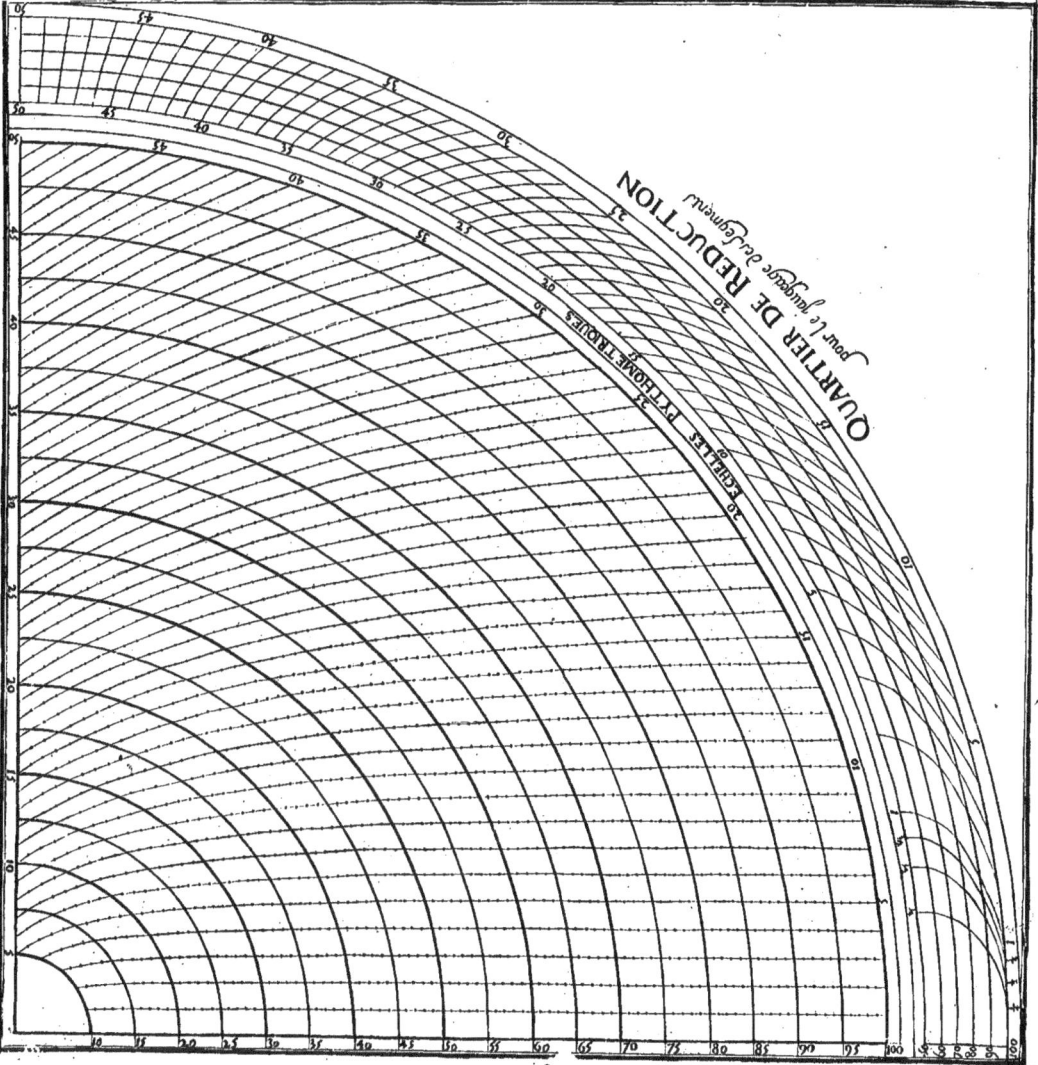

QUARTIER DE REDUCTION
pour le Jaugeage des Liquides

www.ingramcontent.com/pod-product-compliance
Lightning Source LLC
Chambersburg PA
CBHW050617210326
41521CB00008B/1289